一生的忠告

Advice Of A Lifetime

张艳玲◎改编

U1007959

民主与建设出版社

·北京·

图书在版编目（CIP）数据

一生的忠告 / 张艳玲改编 . —北京 ：民主与建设出版社，2015.12
（2021.4 重印）
ISBN 978-7-5139-0921-1

Ⅰ . ①一… Ⅱ . ①张… Ⅲ . ①人生哲学—通俗读物Ⅳ . ① B821-49

中国版本图书馆 CIP 数据核字（2015）第 273084 号

一生的忠告
YISHENG DE ZHONGGAO

改　　编　张艳玲
责任编辑　王　颂
封面设计　天下书装
出版发行　民主与建设出版社有限责任公司
电　　话　（010）59417747　59419778
社　　址　北京市海淀区西三环中路 10 号望海楼 E 座 7 层
邮　　编　100142
印　　刷　三河市同力彩印有限公司
版　　次　2015 年 12 月第 1 版
印　　次　2021 年 4 月第 2 次印刷
开　　本　710 毫米 ×944 毫米　1/16
印　　张　13
字　　数　130 千字
书　　号　ISBN 978-7-5139-0921-1
定　　价　45.00 元

前言 PREFACE

你曾是身在云端的天之骄子，你曾是象牙塔里的宠儿，当大学校园的门在你背后关闭时，你是坚定前行，还是茫然无措徘徊不前？不管你转身向何方，总有一双温情有力的手接迎你，欢迎你来到这个现实而又残酷的世界。

因为退无可退，所以你只能选择拼命前行。不管你情不情愿，你都要提着一颗忐忑的心开启职场征程。初始的新奇和陌生很快就会被忙乱和焦躁取代，你披星戴月加班加点换不来别人的一句安慰，你马不停蹄迎难而上却是屡战屡败铩羽而归，你希望获得的鲜花移植在别人的窗前，你梦想中的掌声依然迟迟不响。这就是职场，一个多情总被无情恼的地方。懦弱的人步步踏空只想抽身而回，刚毅的人节节上升渴望步步为赢。

复杂的职场，繁杂的工作，纷杂的人际关系……青涩的你试探着想摸清职场的脉搏，把握职场的玄机，渴望如凤凰涅槃，期待浴火重生；渴望如鱼得水，期待鱼跃龙门。多少次你觉得自己应该羽化成蝶了，可是睁开眼睛依然还在作茧自缚；多少次你羡慕天空自在的流云，却黯然神伤于此时还禁锢于职场的身心。浩渺的夜空，点点繁星闪烁，你相信自己是其中的一颗，只是在悄悄等待辉煌闪耀的时刻。

孤身奋战，前程浮云遮望眼；回望来处，已是长亭更短亭。这一程，不再有父母的细细叮嘱，不再有师长的贴心呵护；这一程，你穿越梦想的丰满，把握现实的骨感；这一程，你睥睨一切的豪气跌落一地，万般傲娇在碰壁之后变得低眉顺眼地乖巧。从此知道，优胜劣汰，适者生存，同样是适用于职场的生存法则。韬光养晦，顺势而为，厚积薄发，只待时机。在这个残酷的世界，处处都有激烈的竞争，要想自如应对，轻松胜出，请接受我们诚挚的欢迎与邀请。

请走进这本书的世界，我们只想借助这些通透的文字为你拨散征程上的迷雾，我们只盼借助这些以温情解读残酷的篇目，为你提供快速前行的智慧、无所畏惧勇气和抗击一切的力量。

欢迎降落在这残酷的世界，既然生无所选，我们就陪伴你勇往直前。生命美丽，人生多彩，我们文短情长，只想告知你珍惜机缘、努力上进、感恩在心、善待一切。

欢迎降落在这残酷的世界，征程自有万般风景，风和日丽，雨后彩虹。请你在顺风而行时懂得驻足，学会欣赏，世界偶尔也会面目狰狞，暴雨如注，满地泥泞，举步维艰；请你在逆风困顿时振臂高呼，相信自己，因为在你的身边总有我们不变初衷的温情相伴，共勉向前。

降落也是机缘，在这个残酷的世界里，握手，欢迎你！祝福你开启了人生新的征程！

目　录

前言 …… 1
01　第一份工作决定未来的起点 …… 1
02　你的眼光决定工作的价值 …… 4
03　揣一颗平常心，做好平凡事 …… 9
04　主动出手，抢先一步得先机 …… 12
05　迎难而上，不给过错找借口 …… 16
06　以主人的姿态主宰自己的事业 …… 19
07　求职履历当坦诚以对 …… 23
08　坚定目标，确立行走的方向 …… 25
09　尊重是双面镜，敬人方能敬己 …… 29
10　欺人终究害己，诚实守信立名 …… 31
11　善待时间，收获多多 …… 34
12　刚柔相济，方能赢得天下 …… 38
13　做好准备成功的前提 …… 42
14　职场中有时不需要“老好人” …… 45
15　做事靠理性，凡事三思而后行 …… 48
16　认识自己的长处是成功的保障 …… 51

17　不断提升，才能立于不败之地……………………………… 54
18　世事无捷径，稳中求胜……………………………………… 57
19　收支有度，节俭是美德……………………………………… 59
20　君子坦荡荡——磊落示人 ………………………………… 62
21　守住秘密，守住信任………………………………………… 65
22　喜怒不形于色 ……………………………………………… 68
23　新角度开阔新视野 ………………………………………… 70
24　不因失去而哭泣 …………………………………………… 73
25　勇于舍弃是大智慧 ………………………………………… 77
26　努力多一点，机会多一点…………………………………… 81
27　求人莫若求己 ……………………………………………… 83
28　学会倾听 …………………………………………………… 86
29　拥有平常心，看开不平事…………………………………… 89
30　好口才赢得好机遇 ………………………………………… 91
31　衣着打扮要分清场合和身份 ……………………………… 94
32　助人助己，互通有无………………………………………… 97
33　敢于冒险——勇敢者的自我较量………………………… 101
34　把握人脉关系，助推你顺利前行 ………………………… 104
35　没有一副好牌，就要打好坏牌 …………………………… 108
36　汲取失败的教训，快步走向成功 ………………………… 110
37　思而后行，重在行动 ……………………………………… 113
38　珍惜声誉，打造不一样的自我 …………………………… 116
39　踏实做事是成功的基石…………………………………… 119
40　以人格取胜，赢精彩人生 ………………………………… 121
41　掌控好自己的情绪………………………………………… 124

42 珍惜自己的信誉 …… 128
43 屈伸有度，柔能克刚 …… 131
44 幽默——是保持乐观的良药 …… 133
45 微笑相迎，和谐共处 …… 135
46 热情如火，点亮生命的历程 …… 138
47 不忘初心，方能行远 …… 140
48 容人容己，大度从容 …… 143
49 以诚相待，以诚相报 …… 150
50 赠人玫瑰，手有余香 …… 151
51 感恩在心，温润一生 …… 153
52 美德在心，灵魂安然 …… 155
53 忘掉世俗杂务，安享内心的宁静 …… 157
54 业精于专，做行家里手 …… 160
55 三人行，以强者为师 …… 163
56 敢于抗争 …… 166
57 善意的谎言是一种交际策略 …… 170
58 尊重别人就是尊重自己 …… 174
59 幸福，不可将就 …… 178
60 幸福需要家人共同呵护 …… 182
61 孩子是天使，教会我们互相爱 …… 185
62 入睡前，请对自己说晚安 …… 189
63 闲适自得，享受生活的美好 …… 193
64 健康为首，统领人生一切 …… 195

01 第一份工作决定未来的起点

第一份工作要最有利于你的学习和积累，与公司大小或福利好坏无关。

每个人在选择自己的第一份工作时，都难免心潮澎湃，并且对未来充满美好的期待，希望自己的工作既轻松赚钱又多，自己的公司像永不坠落的太阳一样兴旺发达，越来越强盛，享受公司提供的高福利待遇，舒服而满意地享受自己的职场生涯。

如果在刚刚步入社会就能加入知名的大企业，享受优越的条件固然是好事，但并不是每一个初入社会的年轻人都能有这样的机会，受到大公司的青睐。大多数的情况是，自己的诸多方面——不论是工作经验还是能力专长——都与大公司的择人标准相差甚远。这时如果你仍然坚持把公司的知名度高低、规模大小、福利好坏、薪酬丰薄等作为自己择业的第一原则的话，必然会在职场四处碰壁。

第一份工作，是一个人职业生涯乃至人生的真正开端，它关乎你步入社会成就事业的信心，一个好的开头能使你坚信自己的能力，会推动你向成功一步步迈进；而一次糟糕的起跑，必是会在跑道的开始阶段就落在别人的后面，这会打击你的信心，使你对自己的能力产生怀疑，即使你后来居上，甚至超越了别人，那你付出的肯定比别人多很多，从投入产出的角度来衡量是得不偿失的。

因此对于你的第一份工作，一定要慎重选择。无数成功人士的经验表明，第一份工作与公司大小或福利好坏无关，它必须要有利于你的学习和积累。因为一个人职业生涯的第一阶段是成长阶段，这个阶段的重点是学习和积累专业经验。只有通过不断地学习，才能够不断地完善自己，提高自己的业务能力，使自己变得羽翼丰满起来，彻底告别青涩职场新人的形象，只有这样你才会在将来的工作中，具备较强的工作能力和竞争能力，在激烈的市场竞争中始终处于有利的主动地位，并做出优异的成绩。

大公司有大公司的好处，小公司也有小公司的优点。如果你选择大公司，福利好、薪水高，该做什么，不该做什么，公司都规范得很清楚，还可以和许多优秀的人共事，学习他们的优点。它的缺点是：比较僵化，学习的面有限，待久了容易养尊处优，失去对新环境的适应力。反之，选择到比较小的公司去工作，制度尚未完善，工作流程比较混乱，但是相对而言它也有优点，工作的弹性大，学习的机会多，而且很快就能够练就十八般武艺，将来不论去哪里，碰到什么事，都难不倒你。

不管是大公司还是小公司，都可以为你提供学习和积累的机会，选择的关键还在于你自身的条件和对自己职业生涯的规划。如果你自身素质较高，有独特的专长和技能，不会被大公司里的人潮所淹没，那么选择大公司没什么不好。如果你恰恰相反，还想走一条多元化的道路，涉猎多种业务，全面提高自己的能力，那么有潜力的小公司可能更适合你。

文清大学毕业找工作时，就表现出了与几个同窗好友截然相反的态度。几个同学都往当时效益好、知名度高的大公司里挤，她们的理由是那些公司薪水高、福利优厚，而且有工作保障。而文清却没有跟在她们身后凑热闹，她选择了一家名不见经传的小公司。

文清认为，大公司固然能给员工提供更加健康的学习环境，使员工很容易地接触到先进的工作方法和经营理念，但自己学历不高，才华也不出众，很难引起别人的注意，这样很可能得不到学习和历练的机会。而进入小公司则不一样，那里人才竞争并不激烈，自己很容易就能得到上司的青

睐，还会有更多机会尝试新的业务，涉猎更多的业务领域，这对自己的生涯规划更有益处。所以，文清去人才市场应聘的时候，就戴着“有色眼镜”，最后她选择了一家刚成立没几年、也没什么名气的公司。这家公司虽小，但很重视人才培养，还建立了健全的培训机制。为了不被欺骗，她还装成客户亲自到公司进行了考察。结果发现，这家公司真如承诺的那样，定期对员工进行培训，选送优秀的员工出去学习。于是，她毫不犹豫地走进了这家公司的人力资源办公室，并凭借良好的表现应聘成功。在工作中，文清不断地学习，不断地进步，仅仅几年后，她就被任命为公司副总。

我们在选择第一份工作时，要着重从以下几个方面加以考查：

1. 公司是否有健全的培训机制。培训是最便捷、最有效的学习和积累渠道,只有真正建立起健全的培训机制的企业,才可能为员工提供良好的学习环境,所以培训机制是否健全是择业的第一要素。没有健全的培训机制,即使公司再大,承诺再好,也不应选择。

2. 公司文化是否鼓励学习。进入一家公司就要遵守这个公司的文化,所以在这家公司你能否得到学习的机会,学到你想学的真正东西,在很大程度上取决于公司文化是否支持学习。只有在鼓励学习、鼓励创新的公司中,你才能从别人那里学到经验,从工作中积累知识。

3. 公司是否有良好的客户管理系统。不管你从事怎样的工作,如果被获准能与客户直接接触,那么你的能力就会在很短的时间内得到大幅度提高,因为在与客户进行交流的过程中,你会遇到各种挑战,这会不断刺激你的潜能,在不断地解决问题中迅速成长。

所以,在选择第一份工作时,要以是否最有利于自己能力的提高和专业的积累为衡量的重点,而不要过多地考虑那些与自身成长无关的东西。因为,重要的不是眼前自己的虚荣心是否得到了满足,而是几年后你能否成为一个真正的强者。

02　你的眼光决定工作的价值

在极其平凡的职业中、在极其低微的岗位上,往往蕴藏着巨大的机会。只要把自己的工作做得比别人更完美、更迅速、更正确、更专注,调动自己全部的智力,从旧事中找出新方法来,就能引起别人的注意,自己也有发挥本领的机会,实现心中的目标。

不要看不起自己的工作。如果我们不仅仅把工作当成一份获得薪水的职业，而是把工作当成是用生命去做的事，我们就可能获得自己所期望的成功。如果你认为自己的劳动是卑贱的，那你就犯了一个大的错误。

奎尔是一家汽车修理厂的修理工，从进厂的第一天起，他就开始喋喋

不休地抱怨，什么“修理这活太脏了，瞧瞧我身上弄的”，什么“真累呀，我简直要讨厌死这份工作了”“凭我的本事，做修理这活太丢人了！”

每天，奎尔都在抱怨和不满的心情中度过。他认为自己在受煎熬，在像奴隶一样出苦力。因此，奎尔每时每刻都窥视着师傅的眼神、举动，稍有空隙，他便偷懒耍滑，应付手中的工作。

几年过去了，当时与奎尔一同来厂的三个工友，各自凭着自己的手

艺，或另谋高就，或被老板送进大学进修了。独有奎尔，仍旧在抱怨声中，做他蔑视的修理工。

无论你正在从事什么样的工作，要想获得成功，就要把自己的工作当回事。如果你像奎尔那样，认为自己的劳动是卑贱的，鄙视、厌恶自己的工作，对它投注“冷淡”的目光，那么，即使正从事最不平凡的工作，也不会有所成就。

今天，同样有许多人认为自己所从事的工作是低人一等的。这一现象，在一些刚走出校园的年轻人身上尤为突出。他们身在其中，却无法认识到其价值，只是迫于生活的压力而劳动。轻视自己所从事的工作，自然无法投入全部身心，于是在工作中敷衍塞责、得过且过。这样的人在任何地方都不会有所成就。

所有正当合法的工作都是值得尊敬的。只要你诚实地劳动和创造，没有人能够贬低你的价值，关键在于你如何看待自己的工作。那些只知道要求高薪，却不知道自己应担责任的人，无论对自己还是对企业，都是没有价值的。

也许某些行业中的某些工作看起来并不高雅，工作环境也很差，难以得到社会的承认，但是请不要无视这样一个事实：有用性才是伟大的真正尺度。在许多年轻人看来，公务员、银行职员或者大公司白领才称得上是绅士，一些人甚至愿意等待漫长的时间，去谋求一个公务员的职位。但是，同样的时间他完全可以通过自身的努力，在现实的工作中找到自己的位置，发现自己的价值。

工作本身没有贵贱之分，但是对于工作的态度却有高低之别。看一个人是否能做好事情，只要看他对待工作的态度。而一个人的工作态度，又与他本人的性情、才能有着密切的关系。一个人所做的工作，是他人生态度的表现，一生的职业，就是他志向的表示、理想的所在。所以，了解一个人的工作态度,在某种程度上就是了解了那个人。

如果一个人轻视自己的工作,将它当成低贱的事情,那么他决不会尊敬自己。因为轻视自己的工作,所以倍感工作艰辛、烦闷,自然工作也不会做好。当今社会,有许多人不尊重自己的工作,不把工作看成创造一番事业的必由之路和发展人格的工具,而视为衣食住行的供给者,认为工作是生活的代价,是无可奈何、不可避免的劳碌,这是多么错误的观念啊!

那些轻视自己工作的人,往往是一些被动适应生活的人,他们不愿意奋力崛起,努力改善自己的生存环境。他们不喜欢商业和服务业,不喜欢体力劳动,自认为应该活得更加轻松,应该有一个更好的职位,工作时间更自由。他们总是固执地认为自己在某些方面更有优势,会有更光明的前途,但事实上并非如此。

许多年前,一个妙龄少女来到东京帝国酒店当服务员。这是她涉世之初的第一份工作,也就是说她将在这里正式步入社会,迈出她人生第一步。因此她很激动,暗下决心:一定要好好干!但是她想不到,上司安排她洗厕所!

洗厕所!实话实说没人爱干,何况她从未干过粗重的活儿,细皮嫩肉,喜爱洁净,干得了吗?洗厕所时在视觉上、嗅觉上以及体力上都会使她难以承受,心理暗示的作用更是使她忍受不了。当她用自己白皙细嫩的手拿着抹布伸向马桶时,胃里立马"造反",翻江倒海,恶心得几乎要呕吐,太难受了。而上司对她的工作质量要求特高,高得骇人:必须把马桶擦洗得光洁如新!

她当然明白"光洁如新"的含义是什么,她更知道自己不适应洗厕所这一工作,真的难以实现"光洁如新"这一高标准的质量要求。因此,她陷入困惑、苦恼之中,也哭过鼻子。这时,她面临着人生第一步怎样走下去的抉择:是继续干下去,还是另谋职业?

正在此关键时刻，同单位一位前辈及时地出现在她面前，帮她摆脱了困惑苦恼，帮她迈好这人生第一步，更重要的是帮她认清了人生之路应该怎样走。但他并没有用空洞的理论说教，只是亲自做个样子给她看了一遍。

首先，他一遍遍地洗马桶，直到擦洗得光洁如新。然后，他从马桶里盛了一杯水，一饮而尽！竟然毫无勉强。实际行动胜过万语千言，他不用一言一语就告诉了少女一个极为朴素、极为简单的真理：光洁如新，要点在于“新”，新则不脏，因为不会有人认为新马桶赃，也因为马桶中的水是不脏的，是可以喝的；反过来讲，只有马桶中的水达到可以喝的洁净程度，才算是把马桶擦洗得“光洁如新”了，而这一点已被证明可以办得到。同时，他送给她一个含蓄的、富有深意的微笑，送给她一束关注的、鼓励的目光。这已经够用了，因为她早已激动得几乎不能自持，从身体到灵魂都在震颤。她目瞪口呆，热泪盈眶，恍然大悟，如梦初醒！她痛下决心：“就算一生洗厕所，也要做一名洗得最出色的人！”她成为一个全新的、振奋的人；从此，她的工作质量也达到了那位前辈的高水平，当然她也多次喝过厕水，为了检验自己的自信心，为了证实自己的工作质量，也为了强化自己的敬业心。她很漂亮地迈出了人生第一步；从此，她踏上了成功之路，开始了她不断走向成功的人生历程。

几十年光阴一瞬而过，后来她曾成为日本政府的主要官员——邮政大臣。她的名字叫野田圣子。

不要轻视自己所做的每一项工作，即便是普通的工作，每一件事都值得你去做，值得你全力以赴，尽职尽责，认真地完成。小任务顺利完成，有利于你对大任务的成功把握。一步一个脚印地向上攀登，便不会轻易跌落。通过认真工作，你就不会再有劳累辛苦的感觉，而获得别人和老板认可的秘诀，就蕴藏在其中。

03　揣一颗平常心，做好平凡事

一个人的工作态度折射着人生态度，而人生态度决定一个人一生的成就。你的工作，就是你生命的投影。它的美与丑、可爱与可憎，全掌握在你的手中。我们在被安排去完成一些平凡的任务时，不应该消极抱怨，而应该把它看做是一条出路，只有把平凡的任务完成得完美无瑕，才会给你打下良好的基础，使你得到上司的重视，这样你才有资本做好重要的事情。如果不重视平凡的任务，敷衍了事，自然不会做好，还会给别人留下不负责任的坏印象。

那些轻视平凡任务的人，正是因为对平凡的任务缺乏正确的认识，才导致了目光短浅。我们应该学会正确地看待平凡的任务，努力去做好它，只有这样才会使你更快地成长进步。

1. 平凡的任务是对你的一次考验

不要以为上司交给你平凡的任务，就是不重视你，甚至是瞧不起你。事实上，很多时候，上司交给你做每一项工作，都是有目的的，特别是对于刚刚步入职场的人，上司往往从你对待平凡任务的态度、执行的过程和结果中，对你做出判断，给你打分，把你划分到不同的员工类型中去。如果你毫无怨言，做事踏实，说明你是一个敬业的员工；如果你又快又好地完成任务，说明你工作能力强，这样的员工每个老板都会赏识，并且会有意识地锻炼你、培养你，适当的时候肯定会让你去做重要的事情。反之，如果你不停地报怨，消极地应付，你就会被认为是一个不值得培养的员工，即使上司不当面批评你，也会暗暗将你打入“冷宫”，那些重要的机会将与你永远无缘。

2. 平凡的任务为你提供了一个学习、积累经验的机会

刚踏入职场大门，往往需要经过一个把所学知识与具体实践相结合的过程，你需要从一些简单的工作开始这种实践，并在实践中不断学习。因此，在执行过程中，你要扎实工作，探索技巧，并虚心向其他人请教，来弥补不足，积累经验。所谓“聚沙成塔”“集腋成裘”，不断做好平凡的工作，不断地学习，积累经验，等到接手重要的任务时，你就会有能力出色地完成它，而不至于当主管交给你一项重要的有挑战性的工作时，你无所适从，从而浪费掉证明自己的能力和改变自己境遇的机会。

3. 平凡的任务能让你展现不平凡的风采

平凡的任务看似没有什么深奥之处，也没什么值得重视的价值，但深究后会发现，平凡的任务照样能让你展现不平凡的风采。如果你表现出积极而又踏实的工作态度，说明你具有健康的心态，是一个对工作有热情的人，一个对工作不挑剔、保证完成任务的人。这样老板就会信赖你，他会把一些重要的工作交给你做，你成功的几率就会增大。从另一方面来说，如果你能够用比别人更少的时间，更出色地完成一项工作，同样能够证明你工作能力强，具有很大的潜力，一样能够赢得老板的赏识，得到加薪或晋升的机会。在执行平凡的任务的过程中，你还可以建立良好的人脉关系，得到周围人的支持和帮助，一个具有良好人脉关系的人，自然更容易获得成功。

平凡的任务实际上是一条出路。任何一个聪明的人都会像做重要的事一样，尽心尽力地去执行平凡的任务。

在执行平凡任务的过程中，如果你细心工作，发挥你的聪明才智，你就可能做出让周围的人惊讶的亮点来，比如，你创造了一套行之有效的好方法，它能提高办事效率，或者能提高工作质量；再如，你想出了一个好的创意，根据这个创意制定的方案能为公司带来较好的经济效益，这时，你一定要让周围的人知道，特别是让你的上司知道，切忌暗自欣赏，自我陶醉。与人分享，更有利于证明你自身的能力，得到上司的好感，被上司提拔或重用。

对于我们每个人而言，想变得优秀，并不需要成就辉煌的功业，因为构成优秀的决定性因素，恰恰在于做得比平凡者更平凡而已。如果前面的基础不踏实，是不可能站在高高的巅峰的。

04 主动出手，抢先一步得先机

“任何成功最初就是一个思路，任何失败最初也是一个思路。”在逆境和困境中，有思路就有出路；在顺境和坦途中，有思路才有更大的发展。

有这样一个故事：

两个欧洲人去非洲推销皮鞋。他们发现，由于天气炎热，非洲人向来喜欢打赤脚。第一个推销员看到非洲人都光着脚，立即失望起来：“这些人都光着脚，怎么会买我的皮鞋呢？”于是放弃努力，失败沮丧而归。另一个推销员看到非洲人都打赤脚，惊喜万分：“这些人都没有皮鞋穿，这里的皮鞋市场大得很呢！”于是想方设法，引导非洲人购买皮鞋，结果发了大财，凯旋而归。

从这个故事可以看出，态度决定一切，一念之差导致天壤之别。积极主动与消极被动使一个人产生了截然相反的动机，再配合个人的聪明才智，必将产生两种差别巨大的结果，即主动做事往往收获巨大的成功，而消极对待只能走向失败。

心理学家对1000名创业成功者进行调查研究，归纳出他们走向成功的几个步骤：他们都具有积极的心态，能够主动抓住机遇，并一直保持积极的自我意识、自我评价、自我控制以及自我期待。

无数人的成功经验表明，被动地等待机会只会被机会抛弃，只有主动争取，才能不断把握住机会，一步步走向成功。

道尼斯先生到一家进出口公司工作后，晋升速度之快，让周围的人都惊诧不已。一天,道尼斯先生的一位知心好友怀着强烈的好奇心问他是怎么做的。

道尼斯先生听后无所谓地耸耸肩,含笑答道:“这个嘛,很简单。当我刚开始去杜兰特先生的公司工作时,我就发现,每天下班后,所有人都回家了,可是杜兰特先生依然留在办公室里工作,而且一直待到很晚。我还注意到,在这段时间内,杜兰特先生经常找一个人帮他把公文包拿来,或是替他做重要的服务。于是,下班后我也不回家,待在办公室里继续工

作。虽然没有人要求我留下来,但我认为应该这样做。如果需要,我可以为杜兰特先生提供任何他所需要的帮助。就这样,时间久了,杜兰特先生就养成了呼叫我的习惯,并对我积极主动的工作留下了良好的印象。这就是我晋升的原因。”

许多著名的大公司认为,一个优秀的员工所表现出来的主动性,不仅在于能够坚持自己的想法或项目,并主动地完成它,还应该主动承担自己工作以外的责任。只有承担更多责任,才能及时捕捉到一些未曾发现的机会,并紧紧把握住。职场中有一条不变的定律,那就是只有积极主动承担责任才会得到更多的重用和提拔的机会。遇事畏缩、凡事等待的人,从一开始就注定了失败。

小王和小李是新进入公司的两名工程师，公司安排他们头六个月早上听课，下午完成工作任务。

小王每天下午都把自己关在办公室里，阅读技术文件，学习一些日后工作中可能用得着的软件程序，当有的同事因手头忙碌而请他暂时帮会儿忙时，都被他拒绝了。他认为，自己最关键的任务就是努力提高自己的技术能力，并向同事及老板证明自己的技术能力是如何出色。

而小李除了每天下午花三个小时看资料外，她把剩余的时间都花在向同事们介绍自己并询问与他们项目有关的一些问题。当同事们遇到问题或忙不过来时，她就主动帮忙。当所有办公室的 PC 都要安装一种新的软件工具时，每个工作者都希望能跳过这种耗时的、琐碎的安装过程，由于小李懂得如何安装，她便自愿为所有机器安装这个工具，这使得她不得不每天早出晚归，以免影响其他工作。包括小王在内的部分同事都把小李看做是傻瓜，实际上，小李不仅在实践中提高了自己的技术能力，还拓展了自己的人脉。

六个月后，小王和小李都完成了工作安排。他们的两个项目从技术上讲完成得都不错，小王还稍显优势。但是经理却认为小李表现得更出色，并在公司高层管理人员会议上表扬了小李。小王听说后，一时想不开，就去经理办公室问经理，为什么受到表扬的是小李而不是自己。

经理说："因为小李是一个有主动性的工程师，善于为别人提供帮助，能够承担自己工作以外的责任，愿意承担一些个人风险为同事和集体做更多的努力。而你呢？"

小王禁不住红了脸，低下了头。

作为一个职场中人，一定要养成主动做事的习惯，这是你能否走向成功的关键，因为要想成功，无一例外地都是靠积极主动地做事而一步一步叩开成功的大门的。千万不可消极地等待运气，等着天上掉下馅饼来。

何况，如果你只是一味地等待，即使天上掉下馅饼来，你也不一定能抢到。

每一个年轻人都需要在步入社会的第一天就培养自己积极主动的习惯，这样才会使自己在以后的生活中始终占据主动地位。

1. 每天确定一项明确的工作任务，在你的上司尚未要求你之前就主动把它做好。你可以把确定的任务用大大的字体写在办公桌上的台历的醒目位置，这样你一抬头就能看见。你还可以把确定的任务告诉你的同事或朋友，让他们提醒你。这种方法往往很有效，因为人都是有自尊的，当你的亲人或朋友询问你的工作任务完成得怎样时，即使你忘记了或者进展缓慢，你也会积极主动地抓紧时间去做。

2. 每天至少做一件对他人有价值的事情，不要在乎是否有报酬。比如，帮同事查查资料，但不要期望同事会给你什么回报。

3. 今日事，今日毕，工作不留尾巴。每天安排的工作，必须当日完成，否则，你的工作越拖越多，既加大了工作量，又挫伤了完成任务的积极性，长此以往，你将陷入被动工作的怪圈，你为培养主动工作所做的努力也会付之东流。

4. 每天告诉别人养成主动工作习惯的意义，至少告诉一个人。你若能坚持做到这一点，你就成了为“积极主动工作”信念传播的使者，你的心态必先得到一种“质”的改变，支持着你的行动向“积极主动”上转变，相信你很快就能养成主动工作的习惯，一旦有机会出现，你一定会牢牢抓住，成就一番事业。

05 迎难而上，不给过错找借口

智者千虑,必有一失。即使再优秀的员工,做工作也不能保证完全没有差错。当不理想的工作结果出现时,具有强烈敬业精神的员工会勇于面对不利的结果,敢于承担一切责任,即使是在无人追究的情况下,他们也会坦承自己的错误,对工作负责到底。

而有些人却养成了一遇到不利于自己的情势就推脱的毛病,不愿接受有困难的任务,不敢主动承担责任。经常推脱会使你染上拖延的恶习,丧失主动做事的精神,成为一个无所事事的人。

美国西点军校有一个被学员们广为传诵的传统,遇到军官问话时,学员只能有四种回答:“报告长官,是”;“报告长官,不是”;“报告长官,不知道”;“报告长官,没有任何借口”。

“没有任何借口”是美国西点军校200年来奉行的重要的行为准则,它强化的是每一位学员要想尽办法去完成任何一项任务,而不是为没有完成的任务去寻找借口,哪怕是看似合理的借口。

在这个世界上,没有不需要承担责任的工作,相反,你的职位越高、权力越大,肩负的责任也就越重。敢于承担责任,你给人的印象不但不会受到损失,反而更容易赢得别人的尊敬和信任,你在别人心目中的形象也会高大起来。

哈威有一次因失误错发给一名请病假的员工全薪。他发现自己的错误后,就立即通知那名员工,并解释说必须纠正这个错误,要在下月发工资时减去这次多付的工资。那名员工说如果这样做的话,他下个月的生活就难以维持下去了，因此请求分期扣除多领的薪水。但这样做必须经过老板的批准。哈威知道，这样做会使老板大为不满，但这一切混乱都是由于自己的错误造成的，必须在老板面前承认。

哈威走进老板的办公室，如实地把整个事情的经过告诉了老板，老板大发脾气地说这应该是人事部的错误，但哈威解释说是他的错误。老板又说是因为会计部门的疏忽，哈威还是解释说是他的错误。老板又责怪哈威办公室中另外两个同事，但哈威仍然坚持说是自己的错误。最后，老板惊喜地看着哈威说："好，既然是你的错误，就按你的提议解决掉吧。"

问题就这样解决了。哈威没有回避，而是勇敢地承担了一切，自那以后，老板更加器重他了。

一个人对待责任的态度能够直接反映出他的敬业精神和道德品行，敢于承担责任可以使人更伟大，而不肯承担责任的人则迟早会被这个社会淘汰。

李强在一家建筑公司任工程估价部主任，专门为公司估算各项工程所需的价款。有一次，他的一项估算被一名核算员发现估错了 2 万元，老板找到他，让他拿回去更正。可李强不但不肯认错，反而大发雷霆，他责怪那名核算员越级报告，没有权利核算他的估算。

老板质问他:“你的错误不是已经确定了吗?难道你希望那名核算员为了你的面子而不顾公司的损失把这件事隐瞒下来吗?”

李强无言以对。老板劝告他说:“如果你希望将来有所成就,这种不良习惯就要好好改变。”

过了一段时间以后,李强又有一个估算项目被那名核算员查出错误。这次他仍然坚持以前的恶劣态度,并且说是那名核算员打击报复他。等他请教别的专家重新核算了一下,才发现自己确实错了。

这时老板已经忍无可忍了:“你现在就另谋高就吧!我不能让一个永远都不知承认自己错误的人来损害公司的利益。”

对员工而言,只有在责任面前不找任何借口,才能把更多的时间和精力放在如何有效地解决问题上面,唯有如此,才能有更好的发展,才会获得更多的回报。

查姆斯担任国家收银机公司销售经理期间,曾面临着一种极为尴尬的情况:公司财务发生了困难,这件事又被销售人员知道了,都失去了工作热忱,销售量开始下跌。因此,查姆斯不得不召集全体销售员开会。

首先,查姆斯请销售员挨个解释销售量下跌的原因。大家像是商量好了似的,原因几乎是一致的:商业不景气、资金缺少、人们都希望等到总统大选揭晓以后再买东西,等等。

查姆斯生气地说:“停止,我命令大会暂停10分钟,让我把我的皮鞋擦亮。”

然后,他命令坐在附近的一名黑人小工友把他的皮鞋工具箱拿来,并要求这名工友把他的皮鞋擦亮,而他就站在桌子上不动,一直等到皮鞋擦亮,他给小工友一笔钱,然后才发表他的演说。

他说:“我希望你们都好好看看这位小工友。他拥有在我们公司擦鞋的特权。他的前任是位白人小男孩,年纪比他大得多,虽然公司每周补贴他5美元的薪水,但他仍然无法从本公司赚取足以维持他生活的费用。"

"而这位黑人小男孩却能赚到相当不错的收入,既不需要公司补贴,每周还可以存下一点钱,而他和他的前任工作环境完全相同,工作对象也完全相同。"

"现在我问你们一个问题,那个白人小男孩拉不到更多的生意,是谁的错?是他的错,还是顾客的错?"

销售员不约而同地回答:"当然是小男孩的错。"

"那你们呢?现在市场和一年前的情况完全相同,成绩却在下滑,这是谁的错?"

"当然是我们的错。"

"我很高兴,你们能坦率承认自己的错误。我告诉你们,只要你们全力以赴,保证在以后的30天内,每人卖出5台收银机,那本公司就不会发生财务危机了。你们愿意这样做吗?"

大家都说愿意,后来果然办到了。那些他们曾经强调的借口,仿佛根本不存在似的,统统消失了。

当出现问题的时候,请不要推脱你的责任。失败的人永远找借口,成功的人永远找方法。只有敢负责任的人,才是主宰自我生命的设计师,才是命运的主人,才能赢得别人的尊重和爱戴。只有这样,才能收获,才能发展。

06 以主人的姿态主宰自己的事业

敬业的最高境界是什么?就是把工作当成你的事业来看待。

没有一个老板不希望自己的员工把公司当做自己的家,把公司当作自己的事业，把自己融入公司中勤勤恳恳地工作，和公司共同发展。这时，你要积极响应老板的要求，以公司为家，努力工作。

有些人初入社会时，认为做事都是为了雇主而做，其实从长远来看，工作完全是为了自己，因为敬业的人能从工作中学到比别人更多的经验，而这些经验就是你向上发展的踏脚石，就算你以后从事不同行业，你的工作方法也必会为你带来助力。

德国思想家马克思·韦伯认为，有的人之所以愿意为工作献身，是因为他们有一种“天职感”，他们相信自己所从事的工作是神圣事业的一部分，即使是再平凡的工作，也会从中获得某种人生价值。大凡是有事业感的人，他们通过工作所获得的，不仅仅是物质、荣誉等外在报偿，更重要的是获得了内心的满足感和自我价值的实现。因此，他们很少计较报酬、在乎功名，他们所做的一切，只为追求一个完美的境界。在这样的境界中，他们会发现自己生存的意义，感受到幸福和自我满足。

一个员工总是为了避免出错而保持沉默，这最令老板感到不满；凡事都点头称是，没有自己的主张、见解和建议，在老板的心目中，永远是个不能独当一面的应声虫。

因此，有时适时地提出一些大胆的建议，可以让你的地位在老板心目中水涨船高。例如，你可以提出如何开源的办法，并指出如何与节流相结合才能更有效。没有什么比为公司的发展而提出合理化建议而更令老板高兴的事了。

如果你的老板某种处理事务的方法效率不高，而他本人又并未觉察或不知如何改进的时候，如果你有好的主意，就应该果断地提出来，但也要采取能够让老板感到可以接受的方式。

很多时候，你的高效率会使老板对你刮目相看，敬重有加。当然，这就需要在对老板已有足够了解的基础上，根据公司的实际情况做出预计。

把公司看做是自己可以托付的地方，为自己搭建施展才华的平台，你就要献出自己的爱心和努力，要比老板更积极主动地工作。

然而，很多人却片面地认为公司是老板的，自己只是替别人工作。工作得再多，再出色，得好处的还是老板。存有这种想法的人很容易成为“按钮”式的员工，每天按部就班地工作，缺乏活力，根本没什么责任心。这种想法和做法无异于在浪费自己的生命和自毁前程。

英特尔总裁安迪·葛洛夫应邀对加州大学伯克利分校毕业生发表演讲的时候，提出以下的建议：“不管你在哪里工作，都别把自己当成员工，而应该把公司看做是自己开的一样。”事业生涯除了自己之外，全天下没有人可以掌控。这就要求自己比老板更积极主动地工作，对自己所作所为的结果负起责任,并且持续不断地寻找解决问题的方法。

如果你是老板,你对自己今天所做的工作完全满意吗?别人对你的看法也许并不重要,最重要的是你对自己的看法。回顾一天的工作,扪心自问一下:“我是否付出了全部精力和智慧?”

不要以为老板很闲,总是不紧不慢,悠然自得的样子。其实,他们的头脑中无时无刻不在思考着公司发展的方向和进度,一天操劳十几个小时的情况并不少见。因此,不要吝惜自己的私人时间,要敢于为公司工作更多的时间,一到下班时间就率先冲出去的员工不会得到老板喜欢的,即使你的付出得不到什么回报,也不要斤斤计较。除了自己分内的工作之外,尽量找机会为公司做出更多的贡献,让公司觉得你物超所值。

如果你是老板,一定会希望员工能和自己一样,将公司当成自己的事业,更加努力,更加勤奋,更积极主动。因此,当你的老板向你提出这样的要求时,请不要拒绝他。

每一个岗位都是实现人生价值的舞台。只要我们用对待事业一样的态度对待我们的工作,每个人都能在平凡的岗位上做出不平凡的业绩。一个有事业感的人,他绝不会狭隘地看待他的工作,他对自己的工作会有一种深层次的理解和认识。

一个把公司视为自己的一切,并尽职尽责完成工作的人,终将会拥有自己的事业。许多管理制度健全的公司,正在创造机会使员工成为公司的股东。因为人们发现,当员工成为企业所有者时,他们表现得更加忠诚,更具创造力,也会更加努力工作。以事业的眼光和态度做好职业,职业的发展和进步帮助自己取得事业的成功,职业生涯是事业生涯的前提和准备!

07 求职履历当坦诚以对

履历表是一个人踏入职场的敲门砖。所以，求职材料做得好坏，往往在你能否录用方面起着关键的作用。也正因如此，应聘者几乎都想方设法把自己的应聘材料做好，有的设计新颖，容易引起人的注意；有的花费心思拍写真集，企望能吸引老板的眼球，进而抓住老板的心；有的干脆在履历表上做假，把自己的成绩和优点无限放大，塑造成十全十美的形象，想为自己赢得更大的录用机会。

行为学家经过调查发现，30%的求职者在自己的履历表上做假，他们之所以这么做，是迫于应聘竞争的激烈和源于对自己的不自信。他们这样做的后果，往往是一旦被发现，就会身败名裂，甚至从事业的巅峰骤然跌进谷底。

高明是某名牌大学的应届毕业生，在步入社会选择第一份工作时，也犯起了难。虽然他毕业于名牌大学，但他选择的是一家著名的大公司，来这家公司的应聘者又人才济济，门庭若市，要想在激烈的竞争中取胜，着实不是一件容易的事。越这样想，他越不自信，最后竟打起了求职材料的主意。他把自己的履历进行了大胆的改动，对自己进行了“拔高”“美化”。在他精心打造的履历里，他从小学就品学兼优，一直担任班干部，大学里被推选为学生会主席，多次参加大学生志愿者活动，既获得了丰富的组织管理经验，又赢得了较好的社会效益。实习期间，参与单位的新产品开发，为新产品的问世做出了重要贡献。而事实上，他小时候是一个顽皮的孩子，小学时经常逃学，初中时跟着打群架，受到了学校的处分。也是那次处分，使他痛定思痛，改邪归正，发愤学习，以优异的成绩考上了名牌大学。他在大学里担任的是学生会副主席，充当的是一个可有可无的角色，他只参加了一次大学生志愿者活动，而且中途还因为生病退出；实习期间，他的确参与了一项新产品开发工作，但只是 个配角，在申报成果的时候，他经过死缠烂磨，也没有把自己的名字填上，只好在新产品开发人员合影的时候，挤进去照了一张相。

他把精心打造的求职材料寄到那家著名的大公司，很快就收到了面试的消息。他经过认真准备，面试时表现优秀，被录用了。他欣喜若狂，为了掩饰自己的心虚，他勤奋工作，精心建立自己的人脉关系，很快引起了公司管理层的注意。两年后，他凭借自己优异的工作成绩和良好的人缘，被提拔为部门主管。他春风得意，却时常做噩梦梦到做假的事情败露，于是更加卖力工作，全公司上下一致对他评价很高，谁都不会否认，他是一个前途无量的人。

终于有一天，高明做假的事情败露。老板得知自己被人愚弄，勃然大怒，但考虑到高明现在表现不错，并没有将他作假的劣迹公布于众，但却对高明的个人诚信产生了怀疑，从此不再把重要事情交给他做，也对他的建议置之不理。

高明逐渐觉察到自己的不利情势，刚开始还纳闷，当他知道缘由后，知道没法再在这家公司做下去了，只好主动辞职。随后，他到几家心仪的大公司求职均告失败，最后无奈只好进了一家看中他工作能力的小公司，重新起步。

所以，即使在履历表上作假，能够帮你进入理想的公司，甚至赢得理想的工作岗位，你也不要那样做，因为一旦暴露，你失去的就会更多。如实地填写你的履历，既不粉饰美化，也不弄虚作假，这样才能给你的职业生涯一个坦坦荡荡的开始。当然，如实填写并不是要你把自己的缺点全都写上，而是如实地突出优点，对缺点一带而过。这样做并不会使你失去宝贵的机会，相反，还会令你更加真实。

08　坚定目标，确立行走的方向

一个人没有明确的目标，就好像一条船在海里飘荡。因为没有它的目标港，那么不管这条船漂了多久，有多少经历风浪的经验，它始终不会到达目的地。尽管这条船有很好的现代化设备，有强大的发动机动力，有训练有素的船长和船员，因为没有明确的目标，它只能东飘西荡，始终不能到达最后的港湾。一个人也一样，不论他有多么聪明，不论他上过大学不是研究生，也不管他是多么有经验，人生阅历多么丰富，只要缺乏人生目标，他一生肯定难成大事。

谭盾从小就有一个梦想，那就是做一个享誉世界的音乐家。所以当他在国内音乐界小有名气的时候，毅然只身一人，去美国深造。

刚开始，为了生计，谭盾必须到街头拉小提琴卖艺来赚钱。在街头卖艺跟摆地摊一样充满了竞争，只有争到好地盘才能赚钱。幸运的是，谭盾认识了一个黑人琴师,他们一起争到了一个最能赚钱的地盘,在一家商业银行的门口,那里人潮涌动,而且几乎每个人口袋里都揣着钱。

过了一段时间,谭盾赚到了不少卖艺的钱之后,就和黑人琴师道别,因为他来美国的目的不是在街头卖艺挣钱,而是为了一个远大而高尚的目标,他要到大学进修,在音乐学府里拜师学艺,将全部精力投入到提升音乐素质和琴艺中去。

十年后,谭盾终于凭借自己卓越的音乐才华和不懈的努力,在国际音乐界崭露头角。他为电影《卧虎藏龙》所作的背景音乐获得奥斯卡最佳

音乐奖,成为享誉世界的音乐家。有一次,谭盾路过那家商业银行,又发现了那位黑人琴师,他仍在那“最赚钱的地盘”拉琴,他的表情一如往昔,

脸上露着得意、满足和陶醉。当他看见谭盾时，很高兴地停下拉琴的手，热情地说道："兄弟，好久不见了，现在在哪里拉琴啊？"谭盾回答了一个很有名的音乐厅的名字，黑人琴师问道："那家音乐厅的门前是个好地盘，好赚钱吗？"

谭盾笑着回答："还好，生意还不错。"

谭盾没有告诉黑人琴师自己取得的成就，因为他看得出，即使告诉了黑人琴师，他也不会有什么触动，他会在这个地盘拉一辈子琴的。

谭盾的成功启示我们：世界为那些有目标和远见的人让路，如果一个人心中拥有了明确的目标，就会产生向前的动力，动力导致行动，行动必然会成就事业！

所以，每个人都需树立自己明确的目标。制定目标，必须充分评估自身素质和所处的环境，切合自身实际，这样才能沿着正确的方向前进。不然，就可能南辕北辙，劳而无功。确定目标之后，就应抓紧时间付诸行动，如果你只是把目标拿在手中赏玩，那它什么也不是，甚至会变成一剂迷魂药，使你迷醉在幻想之中，碌碌无为。

常做日程表，要知道自己"下一步"该做什么，随时准备采取走向目标的下一步行动。设下日程表后，你要马上采取行动，并每天衡量进度，经常检察结果，这样不但有利于你纠正工作中的错误，还可以用不断上升的成果鼓励自己，以坚定自己的信心，最终实现目标。

在实现目标的过程中，要注意下面几点：

1. 有步骤地实现目标

在实现目标的过程中，一定要按照制定的计划有步骤地去做，不要事无巨细，眉毛胡子一把抓。否则，你将有永远处理不完的事，不但被搞得头晕目眩，难出成绩，还会打击你的自信心，使你变得消极，从而与自己的目标越来越远。

2. 不要急于求成

一件事情的成功需要一个水到渠成的过程，任何急于求成的行为，都可能导致功败垂成。所以，在你实现目标的过程中，一定要遵循事情的发展规律，不要异想天开，走捷径。不然，你走得越快，输得越惨。

3. 用看得见的目标不断鼓励自己

1952 年，世界著名游泳选手查德威克，计划从卡塔林那岛游向加州海岸。4 日清晨，加利福尼亚海岸及附近的太平洋海面，笼罩在浓雾中，查德威克在游了 16 个小时后仍然在游。她感到又累又冷，已经精疲力竭了，更使她灰心的是茫茫大海中看不到目标，她感到再也难以支持了，于是向小船上的人请求上船。尽管船上的人都劝她，离海岸只有半英里了，但迷茫的目标已经动摇了她的信心，在她的再三请求下，人们把她拉上了船。

后来，她总结说："令我半途而废的不是疲劳和寒冷，而是我看不到目标，不知道自己游了多少，我看不到自己的进步，所以我泄气了。"

可见，当你订立自己的目标时，千万别低估了目标的可量化性，一个人如果看不到自己的进步，就会消极。所以，当你取得一点进步时，就要鼓励自己一次，那越来越近的目标必将产生强大的动力，推动你一直向前，向前。

明确目标的人，就能勇往直前；没有目标的人，就好像水上的浮萍，东飘西荡，不知何去何从。只有设定目标，你才能有的放矢，把力量集中到一点，你才会成功。

09 尊重是双面镜，敬人方能敬己

尊重别人就是尊重自己。这是一种自我态度，也是一种待人态度。

无论在工作还是生活中，只要你处处去尊重别人，自然也会赢得别人的尊重。

然而在实际生活中，有些人却只对那些位高权重能够对自己的发展有影响的人表示敬意，而对一些小人物，他们则不屑一顾，甚至还摆出一副高高在上的姿态，在那些所谓的小人物身上找找成功的感觉。

贝克刚参加工作一年，就成为老板眼中的红人。在总经理办公室工作的这段日子里，他勤奋工作，同时暗暗琢磨总经理的性格和工作习惯，逐渐成为总经理肚子里的一条蛔虫。往往总经理准备做什么事，还没发话，他就能猜个八九不离十，抢在前头准备去了，这一点自然很受总经理的赏识。当然，在总经理面前，他的每一句话的语气和内容，他的每一个细微的动作，都表现出对总经理的万分尊重。这一点总经理也很赏识。对公司别的高级主管，他也是非常尊重，因为他知道总经理最信赖这些高级主管，而这些高级主管的话往往能及时有效地传到总经理的耳朵里，如果他们能对总经理不时美言自己一句，那可是比做多少工作都强啊。即使对公司的那些地位不是很重要的基层小主管，他也表现出了恰如其分的尊重，因为他明白这些人说不定哪一天就会晋升，成为对自己有影响的人，自己表现出应有的尊重绝不会徒劳无功。但对和自己同等地位的普通职员他却没有那么好的耐性，经常对同事爱答不理的，甚至有时还对同事冷嘲热讽，显示自己高人一等。同事们渐渐也不屑搭理他，有的还在背后说他的坏话。

总经理有一个下班后继续留在办公室工作的习惯，有时一直工作到深夜。贝克不放过这个机会，下班后也自动留下来，陪着总经理工作。总经理喜欢喝咖啡，他就适时地为总经理冲上一杯咖啡，并主动为总经理预订喜欢吃的外卖。渐渐地，总经理就产生了一种离不开他的感觉，让他帮着查阅资料、整理文件，等等。

一年后，传出贝克将被破格提拔为总经理助理的消息。贝克不免心中暗喜，连那些在背后说他坏话的同事也认为这次他可能要如愿以偿了。

然而，不久发生的一件事，让贝克不但与晋升失之交臂，而且还被打入了“冷宫”。

公司的传达室有一位长相丑陋的姑娘，左臂还残疾了。贝克怎么看都觉得不顺眼，当他听说那位姑娘竟享受同他一样的薪水时，他就有些气

愤了。一天，那位姑娘到总经理办公室送报纸。贝克觉得自己是总经理的红人，戏弄她一番也无妨。他接过报纸后对那位姑娘说：“你一只手臂，也配发同我一样多的薪水？”那位姑娘立即被气哭了，摔门而去。

贝克的同事暗中窃喜，他们都知道那位姑娘是总经理的表妹，但谁也不告诉他。面对自己的下场，贝克伤感之后若有所悟。自己周围的所有

人都值得自己尊重。

的确，去尊重你周围的所有人，你才会赢得所有人的尊重。建立起良好的人脉关系，一步一步走向成功。那些看上去不起眼的小职员，更应该值得尊重。因为你敬他一尺，他会敬你一丈。况且，说不定他们之中有藏龙卧虎之人，不知哪天就会晋升到你的头上。如果你平时尊重他，自然会有好报，如果你像贝克那样做，就只有吞下自己种的苦果了。

尊重别人，是为了赢得别人的尊重，与别人建立良好的人际关系，从而获得别人的信任、支持和帮助。简言之，尊重别人是为了成就自己。

10 欺人终究害己，诚实守信立名

欺骗是世间最恶毒的诱饵，它会彻底毁了人的一生。有些人，常抱着侥幸心理去行欺骗之事，换得暂时的一些成就。但可惜的是，短暂的喜悦之后，取而代之的，将是十倍、百倍甚至千倍的高昂代价。

富兰克林为此说过一句含义深刻、发人深省的话："一个人种下什么，就会收获什么。"当你播下"欺骗"的种子，你的生命就永远结不出成功的果实。

现实生活中，很多人过分盲目地看重欺骗带给自己的短时利益，视欺骗为赢得名利的一种最佳、最快捷的手段，相信欺骗会给他们带来种种好处。在他们眼里，生活、成功对于欺骗的需要，犹如做生意需要资本一样，必须而且要自然，欺骗简直无所不能。而一旦骗局被揭穿，劣迹昭然于世人面前，失去的不仅是物质上的，最重要的是，还会丧失人格，损伤自尊和自信。

一个因欺骗断送前程的青年，曾感慨地说："生活中最大的危险，就是欺骗；成功路上的最大障碍，也是欺骗。"

因此，你永远也不要奢望运用欺骗的手段，去追求名利，获取成功，即使名利与成功近在咫尺。否则，即使是原本属于你的成功，也会离你而去。

曾经风光一时的爱多公司曾经创建了中国VCD市场最响亮的牌子。创始人胡志标在中央电视台一掷2亿元夺得"标王"的"非凡魄力"，调动了全国各地新闻媒体的疯狂炒作，从而使他一时间成为经济界的名人，并为自己带来了滚滚财源。

但是，胡志标却犯了一个最低级的错误，那就是欺骗。事实上，胡志标的生产经营，就是建立在欺骗的基础之上的——他占用供应商的资金，又预收销售商的货款，才使得公司得以运转下去，否则，仅那庞大的广告费，就压得他喘不过气来，使他寸步难行。也就是说，他是靠欺骗赢得了暂时的成功。

爱多的一位供应商说："该公司与爱多合作多年了，当初为了争取爱多的定单下了不少的工夫，谁知道好景不长，从1997年底至今，爱多先后占用该公司资金800多万元，现在还欠着500多万元。"另一家公司也诉苦，在与爱多合作的几年中，对方一开始就未能按时支付货款，至今仍有240万货款未还。尤其让这位供应商不解的是，1998年12月19日，爱多还开出了一张40万元的空头支票。同样收到空头支票的另一位供应商直言不讳地批评说："胡志标欺骗客户，与合作方根本没有诚意。"

1999年春节前夕，胡志标邀请债主大户开会，制定了《国内材料供应商经营细则》，其中规定：一是可以继续合作的供应商的旧账在供货6个月后开始支付，每月支付总欠款额的10%；二是暂未能供货的供应商的旧账，即日起6个月后开始支付，每月支付按总欠款额的3%～5%，付清为止。明眼的人都能看出，这个细则的意思是，爱多可以长期拖欠供应商的货款，不仅要继续拖下去，还要供应商全力支持。

一个靠欺骗去经营的人迟早会被市场淘汰，到2000年，胡志标在历经了债务堆积、广告停播、股东危机、法院封楼、员工离开等一系列打击后，陷入了困境，公司破产在即。而胡志标也因商业欺骗行为，被警方刑事拘留。2003年8月，“一代标王”胡志标因诈骗罪被判了刑。就这样，胡志标最终把自己送进了监狱。

试想，胡志标要想东山再起，谁还会跟他合作呢？

从胡志标的经历中，我们可以看出，当初他从欺骗中尝到了甜头，从而使自己陷入其中，不能自拔，最终使公司走向了毁灭。

对于那些在欺骗中生活的人们，林肯曾犀利地指出，时间将是最好的测谎仪，它足以让每个人看清你欺骗后面的真实嘴脸。他警告说：“你能在所有的时候欺骗某些人，也能在某些时候欺骗所有的人，但你不能在所有的时候欺骗所有的人。”

如果你想成功，想在巨大的社会关系网中，找到让自己成功的支柱，就必须建立自己诚信的品格，摒除体内“欺骗让我成功”的想法。即使你每天的日常活动大部分未能得到诚实地回报，只要你不怀疑这种难能可贵的诚实的价值，那么，最终，一切结果都将有利于你。

有人曾以武力胁迫林肯，要他在某件事上故意做出错误地判断，但林肯毫不畏惧，回答道：“我不能这么做。如果我这样做，那么当我和陪审员谈话时，我将不知不觉地高声说道：‘林肯，你是个说谎者。’”

以诚实为本的林肯，赢得了美国人民的拥戴和信任，获得了伟大的成就。他的业绩和名声，不但没有因岁月的流逝而消失，反而与日俱增，妇孺皆知。

始终保持诚实的高贵品质并不容易。很多人往往在短期利益面前背离了诚实的正道，走上了行骗的歧途。要想抵制住投机取巧的诱惑，拒绝欺骗，就必须像林肯一样重视、珍视自己的“名声”。初入社会是一个人树立“名声”的阶段，这个时候如果不严格律己，那么你的一生都将不会有令人尊敬的好名声。

在这个商业繁盛、规则转型的时代，狡诈之心往往有用武之地，往往滋生了很多欺骗之事。可是正在这个时候，“名声”就变得非常可贵，因为信任感的潜在成本非常高，而建立它却是相当漫长的。一旦你的行为让对方感到值得信任，那么很多事情就会变得轻松，你就更容易获得成功。反之，可能就是举步维艰。

11　善待时间，收获多多

时间的特点是，既不能逆转，也不能贮存，是一种不能再生的、特殊的资源，因此拿破仑·希尔认为：“一切节约归根到底都是时间的节约”。

时间对任何人、任何事都是毫不留情的，是专制的。时间可以毫无顾忌地被浪费，也可以被有效地利用。有效地利用时间，便是一个效率问题。也可以说，效率就是单位时间的利用价值。人的生命是有限时间的积累。以人的一生来计划，假如以 80 岁来算，大约是 70 万个小时，其中能有比较充沛的精力进行工作的时间只有 40 年，大约 15000 个工作日，35 万个小时，除去睡眠休息，大概还剩 2 万个小时。生命的有效价值就靠在这些有限的时间里发挥作用。提高这段时间里的工作效率就等于延长寿命。

许多人无谓地浪费了很多时间和精力，就是因为他们该做好时没做好。他们本来可以做得更好，却悠游岁月，到处游荡。他们做起事来往往敷衍了事，后来却又要花很多时间来修修补补，查漏补缺；他们对待工作也是马马虎虎，常常一遍又一遍地重做，因为他们从来不一次就把事情做得最好。

有一些公司的老板总想成就大事业，却总对一些无所谓的小细节放心不下，似乎难以脱身。他们工作起来风风火火，然而总有一些小问题分散他们的时间和精力。为此，他们对工作总是感到很懊丧，晚上离开办公室时闷闷不乐。头脑混乱不清的人，绝对没有很高的办事效率。

美国麻省理工学院对 30 名经理做了调查研究，发现凡是优秀的经理都能做到精于安排时间，使时间的浪费减少到最低限度。《有效的管理者》一书的作者杜拉克说："认识你的时间，是每个人只要肯做就能做到的，这是一个人走向成功的有效的自由之路。"

畅销书《一批比较便宜》中讲道的吉尔布雷斯家庭就是有效利用时间的典范。已故的吉尔布雷斯是个工程师，他是动力科学研究的先驱专家，他和他的妻子莉莉安·吉尔布雷斯博士致力于把节省时间和劳力的方法带进商业界和工厂，同时也带进家庭管理中去。

吉尔布雷斯夫妇共有3个小孩,他们从小就在一种观念下长大,那就是时间是天赐的礼物,必须高效率地利用。在吉尔布雷斯家里,时间从不会被浪费。孩子们早上刷牙准备上学的时候,甚至可以从他们父亲放在浴室内的大字海报上学会许多新字。

蒂娜是顾问工程师盖塞狄的妻子兼助手。她把她先生在事业上所使用的高效率方法应用到家庭管理上。

蒂娜在写给卡耐基的信中说:“我们的信念是,清除掉杂草,我们就可以天天欣赏到花朵。那就是说,尽可能在最短的时间里做完基本必需的工作,如此我们就可以有更多的空闲去做我们喜欢的事情。”

“三个活泼的小壮丁,一间庞大的房子和花园都需要整理,还有社团活动，做我丈夫的秘书，再加上要负责家里的文化、宗教与社会职责，我所有的时间都必须做两倍于别人工作的工作；我还要想办法做我丈夫的耳目，找出一些他可能漏掉的文章，提醒他必须参加的集会，为他构思一些改进的方案。”

“我曾经在洗碟子或是替小孩热奶的时候，想出许多提高营业效率的方法。”

“我们的工作进度表弹性很大，并非固定不变的。有时候，我们会把例行事务抛到窗外，专心去做一件特殊的事情或计划。”

这对夫妇懂得如何生活，如何工作，以及如何把生活和工作协调进行，以获得适当的结果。

值得注意的是，世界上最忙碌的人、做最多事情的人，比起那些什么都不干的懒人要有更多的时间。

记住：浪费时间比浪费金钱还要悲惨，金钱失去了还可以赚回来，可时间去了却是永远都赚不回来的。

尝试以下原则，能帮助你把宝贵的时间挖掘出来，以获得最大效益。

一是把你每天使用时间的方式做个忠实的反省。这个工作至少要做一星期，看看你的时间浪费到哪里去了。

二是每星期日为下一周做一次每天的时间计划。为每天的工作安排一段合理的时间，可以消除神经紧张、疲乏和混乱。

三是在你工作的时间里，要避免不必要的工作中断。只要有点经验，你就能够学会在你努力做一件事的时候，暂时不理会电话和门铃的响声。不久之后，你的朋友就学会了只在某些特定时间才打电话给你，他们也会因为你讲求效率而更加尊敬你。

12　刚柔相济，方能赢得天下

有这样一个故事：有一次，太阳和风为争论谁最强大而吵了起来。

风先说："我们来比试比试吧。看到那个穿大衣的老头了吗？谁让他更快地脱掉大衣，谁就最强大。我先来。"

于是太阳躲在了一边，风朝着那老人呼呼地吹起来。风越吹越大，最后大到像一场飓风。可老人随着风的变大，反而把大衣裹得更紧了。

风放弃了,它渐渐停了下来。这时,太阳出来了。它用温暖的微笑照在老人身上,不久,老人觉得热了,便脱掉了大衣。

这个故事说明了一个道理:温暖和友善比暴力和粗鲁要强大得多。

大凡有成就的人都懂得用温和亲切的态度对待周围的人,以鼓励他们做出更大的贡献。美国总统罗斯福深得民心,就是因为他亲切友善的待人处世之道。他的一位黑人仆役杰姆斯·E.爱默斯曾写了一本关于他的书,书名是《仆人心中的英雄——罗斯福》。杰姆斯在书中叙述了下面这样一段故事"我的妻子有一次向总统请教什么是鹑鸟,由于她从未见过鹑鸟,所以总统很有耐心且仔细地描述给她听。过了一段日子以后,我们所住的房屋内的电话响了起来,我妻子接了电话,结果是罗斯福打来的,他在电话中告诉我妻子说,有两只鹑鸟落在我们的窗外,只要我妻子伸头向外看就可以看到了。"

"有一次,罗斯福总统在卸任后回到白宫,当他看到厨房女佣爱丽丝的时候,亲切地问她现在还有没有做玉米面包,爱丽丝回答说偶尔还是会做,但是都是做给仆人吃的,楼上大官们都不吃这种面包。罗斯福就说:'他们真不懂得美味,我再见到总统的时候,一定要好好地向他介绍一番。'爱丽丝就端了盘蛋糕给他,他拿着就到总统办公室去吃,一路上他和遇到的每一个园丁及工人打招呼,他和每一个人交谈,就好像他以前还在白宫的时候一样。对于他的离职,白宫里的人上上下下都很难过,其中一位叫做艾克·戈佛的老仆甚至流着眼泪说:'那段时间是我两年来最快乐的时候,我们每一个人都愿意用毕生的精力来换取他的重视。'"

玛格丽·杜鲁门在写她父亲杜鲁门总统的传记时,曾多次提到她的父亲亲切待人的事情:

"父亲不愿意用他办公桌上的铃声下命令,来传唤人,十有九次是他亲自到助手的办公室去。在偶尔传唤别人的时候,他都会到他的橡树厅门口去接……”

“父亲在处理白宫日常事务时，总是这样体贴别人，一点也不以尊者自居。他之所以能够使周围的人对他忠心耿耿，其真正的原因即在于此。”

人生无法离群索居，你一生都得与人相处。在家庭、学校和社会，你都是其中的成员、分子、角色之一。你必须在你的分内，跟其他分子融洽相处，你才会有幸福快乐的成功人生。

当然，你要态度温和，你的意志也要坚定。

如果一个人只是态度温和，而意志不坚定的话，会产生什么结果呢？这样的人将会变得只是和蔼可亲，但是卑躬屈膝，意志力软弱，个性消极；反过来，如果一个人只是意志坚强，但是态度粗暴的话，会有怎样的结果呢？这样的人将会变成暴躁而做事莽撞的人物。

因此，理想的情况最好是两者兼备，但是这样的人实在非常之少。只是意志力坚强的人，大多血气旺盛，认为态度温和是一种“软弱”的表现，他们凡事都力气十足地向前推进。这样的人如果遇到内向而个性软弱的对手，事情或许还能如想象一般进行得非常顺利；如果不是的话，一定会招致对方的愤怒或反感，而且很难达成目的。

只是态度温和的人往往都是些个性圆滑的人，他们对待每一个人都非常温和柔弱，这样的人可以称之为八面玲珑，好像自己完全没有意志力似的，不论在任何场合，都可以装出一个最适合对方的态度。这样的人虽然可以欺骗愚者，但是却逃不过智者的眼睛，伪装的面具立刻就会被剥掉。

兼具态度温和和意志坚定两项优点的人，绝对不是粗暴的人，也不是八面玲珑的人，而是一位贤者。如果同时拥有这两点的话，会产生什么样的效果呢？

当你需要下达命令的时候，如果能以温和的态度命令他人，听到的人一定会很高兴，并以愉快的心情将你的命令付诸实践。可是，如果你接到一个态度粗暴的命令，你会确实将它实践吗？

例如，你任意地对部下说："给我倒杯白兰地来！"在下达这一命令的时候，你就已经觉悟到这个男人很可能会将白兰地泼到你的脸上，因为你的态度太恶劣了。

当然，在下达命令的时候，语意里一定要深含着"希望你服从"的意味，显示出一种冷静而坚定的意愿是非常必要的。可是，为了不使对方产生多余的不快感，便要尽可能地使用温和的语气，让对方能够心情愉快地接纳命令，这个顾虑是非常必要的。

当你要向长辈请求，或者要求理所当然的权利时，情形也是一样的。如果态度不能委婉一点，对方不但不接受你的请求，或许还会将你痛责一番，这样的人无论如何是不会有什么大成就的。除了态度要温和之外，不失立场的执著、坚强的意志，也是非常重要的。

当你的意见与别人不同的时候，最好还能表现出和悦的表情，言词也尽量选择稳重、有分量的。"如果你问我的想法如何，我一定会这么回答！虽然我并没有如此十足的把握……"或者"虽然我并没有了解得十分透彻，但是事情大致上就是这样的……"这是比较好的说法。虽然可以说是比较软弱的说法，但是并没有欠缺说服力。

当你遇到一个态度高傲、自满的人，而且一不小心就说出欠缺思虑，或不礼貌的话的人，你就必须控制自己，表现出温和的态度；不论对方是长辈，或是和你身份相等的人，还是比你身份低的人，你所要表现的态度都应该是一样的。如果对方情绪很激动的话，你不妨先让自己静默下来，不要让对方读出你表情的变化（容易将喜怒哀乐表现在脸上，这是商业往来上的致命伤）。

如果对方一步也不肯让，那么你可以表现出和蔼可亲的态度，尽量去赢得对方的欢心，却不可以故意谄媚，或装出一副娘娘腔的模样。

对待朋友，或认识的人也是一样的。毫不动摇的意志力就是掳掠他们心志的利器，而温和的态度可以防止他们的敌人也变成自己的敌人。对于自己的敌人也可以用温和的态度，使他们打开心扉。同时，使对方看出你坚强的意志，你自己显示出应当愤慨的正当理由，这是非常重要的。应该明确地让对方知道，你和对方是不一样的，你并没有怀着恶意，心胸也并不狭窄，自己的所作所为都是思虑分明的正当防卫。

如果你能够这样融会贯通地了解态度温和，意志坚定的含意，那么你所有的交涉就都将无往不利，至少你不必完全让对方牵着鼻子走。

13 做好准备是成功的前提

艾美和莹莹是大学时的同窗好友，艾美很漂亮，是个人见人爱的女孩儿。她脑瓜儿聪明，家庭条件好，父亲是个成功的企业家，有钱有地位，经常坐着高级轿车来学校接送她。

而莹莹长相一般，学习成绩总是居于班级中游水平，从没有拔过尖，父母都是普通工人，收入微薄，为了供她读大学，母亲下岗后还做了好几份钟点工。

几乎所有的人都断定，在步入社会以后艾美会比莹莹优秀，因为艾美拥有太多的有利条件了。艾美也这样想。

很快她们就毕业了。艾美同大多数初入社会的年轻人一样，把一切都想得既单纯又美好。她还以学校里的思维定势去审视社会，放眼望去，鲜花烂漫,却没有看到隐藏在花丛下面的荆棘。她自信能轻而易举地像在学校里一样取得成功。艾美认为:我漂亮,讨人喜欢,这有利于我建立良好的人脉关系;我聪明,什么工作都是小菜一碟。但是,真正步入社会以后,她才发现一切都与自己想的不一样,漂亮固然有利于同上司及同事沟通关系,但并不是处理好人际关系的决定条件;聪明固然对干好工作有帮助,但有时候干好一项工作,不仅需要你聪明,还需要你肯吃苦,有一颗

恒心,有永不妥协的勇气;家庭富有并不代表你在公司里会有特殊的地位,在不同的工作岗位上,就要接受不同的岗位职责的约束。她感到很不适应,经常受到莫名的伤害,她越来越感到自己受到了不公正的待遇。于是,她同公司"斗争",而不是融入公司中去。这样做的后果是她愈发伤

感,愈发孤独,愈发与公司势不两立。半年后,她终于坚持不住,向父亲发出了求救信号。

而莹莹则完全不一样。她知道社会比学校更复杂,作为一个初入社会的人,如果不摆出一副哀兵必胜的姿态,积极做好应对社会的准备,就很难在社会上站住脚,更别谈成就什么事业了。所以,在艾美视未来一切都是那么美好的时候,她则做好了充分的心理准备,谨慎地步入社会,走进职场。

社会是复杂的,职场是纷乱的。刚刚踏入职场的年轻人切忌把一切都估计得过于美好。要想在社会中生存,在职场中找到属于自己的空间,必须做好以下四种准备:

1. 做好承受压力的准备

有人说,社会就是个“大染缸”。社会的复杂性决定了它比学校更能给人以压力。初涉职场,对公司环境和工作还不是很熟悉,你就要付出比老员工多几倍的努力才能把工作做好,即使你再聪明,专业能力再强,也需要一个熟悉的过程。如果你不努力,就可能永远被人抛在后面。只要你想把工作做好,想去赢得加薪和晋升的机会,你就会感受到压力。当你再发现那些比自己早到公司的员工个个都身手不凡的时候,你的压力就更大了。

如果你顶不住这种压力,就可能会陷入精神崩溃的边缘。所以,你一定要做好承受各种压力的准备,逐渐变压力为动力,努力去适应新的工作环境。

2. 做好吃苦的准备

在进入社会之前,大多数人都在甜水里泡着。当踏入社会独自面对一切时,方觉甜尽苦来。如果不肯吃苦去努力做好每一项工作,那么你就可能会逐渐养成知难而退的坏习惯,而这样你是做不出什么成绩的。所以你一定要做好吃苦的准备，吃得苦中苦，方为人上人。

3. 做好迎接挑战、克服困难的准备

初入社会，一些你意想不到的困难会接踵而至，这是很正常的。如果你畏难发愁，肯定会一事无成。你应该积极迎接挑战，想方设法克服困难，这样才能为自己创造一个良好的开端。

4. 做好学习的准备

初入社会，年轻人往往对自己估计过高，特别是一些在大学里成绩优异的大学生，更是自信到自负的程度。他们总以为凭自己的所学，对付那点工作绰绰有余。其实，把书本上的知识转化到工作中去，也是一个重新学习的过程，只有理论与实践紧密而有效的结合，才能更好地做好工作。随着社会的快速发展，你如果不充电学习，更新知识，就可能会成为过时的人才，惨遭淘汰。所以，你一定要做好学习的准备，把学习视为伴随自己一生的工作。

我们再来看一看莹莹的表现。做好充分准备的莹莹很快就熟悉了工作，融合到团队中去，工作也越做越好，同时还受到了同事的欣赏和上司的青睐。一年后就晋升为部门主管，成为公司里晋升最快的人。可见，初入社会，千万不要把一切想得太美好，要做好充分的准备，培养起健康的积极的心态，才会适应新的环境，并靠不断的努力，最终有所成就。

14　职场中有时不需要“老好人”

从小我们就被告诫，为人要和气，不要像个刺猬一样浑身是刺。于是在不知不觉中我们就养成了一种以和为贵的"老好人"性格。在一个没有冲突的环境中生活或工作，固然很好。可现实证明，这仅是一种乌托邦式的理想，在现实中冲突往往无处不在。

如果你是一匹和平至上的斑马，你可能希望永远生活在一个斑马的群体中。但是，当你面对竞争的时候，往往不能保证永远是和一群斑马在一起，很多时候，我们看到的是，一头狮子出现了。特别是在你加入职场之后，接触的人较多，与人打交道的机会增多，自然不可避免地产生一些摩擦，狮子也就常常不请而至，突兀地站在斑马的面前。

这个时候，如果你还继续做一匹斑马，你就会被视为一个软弱的人，迫于狮子的气势，你不敢接招，不敢去斗争，即使有时候你是正确的，也不敢据理力争，甚至妄图凭自己的软弱和沉默，把狮子感化成一匹斑马。这样做的后果就是，你给自己贴上了软弱、好欺负的标签，狮子就可能经常拿你出气。

当你的脸上被贴上软弱的标签之后，你的工作能力就会被怀疑。一个人的工作能力，除了靠工作业绩来衡量外，往往还表现在平时的工作过程中。如果你不敢面对冲突，主动回击别人的挑衅，还会给人一种理亏和能力有限的感觉，无形中使你的形象大打折扣。一些重要的工作，老板就可能不交给你做，你自然就很难得到加薪和晋升的机会。

在狮子进攻时，你却采取斑马的守势，你总是希望自己弱者的形象能够激起狮子的怜悯之心，放过自己，而不是与之斗争，主动争取机会，这就会被认为你没有进取精神。一个没有进取精神的人，是很难赢得上司赏识的，得不到上司的赏识，你还指望有什么大的发展呢？

所以，当狮子出现的时候，你就得装扮成一头狮子。

当你从一匹斑马变成一头狮子时，你就会发现，不同意见造成的冲突，是一种激发活力与创造力的过程，可以形成更多的共识。

王晓天生性情懦弱，一向与人为善，几乎从没有与人争吵过。同他合作的同事，却常常表现出一副盛气凌人的气势，对于他的策划案，妄加批评指责，他也忍着不发作。一次，他实在忍无可忍了，同合作伙伴争吵起来。他没想到的是，这一争吵竟刺激了自己的思维，激发了自己的创造力，一些具有价值的创意不可抑制地跳了出来，把对方驳斥得心服口服。两个人优势互补，竟做出了一个漂亮的策划案，受到了上司的赏识。这使得王晓彻底改变了以前遇事保守沉默的做法，在同事变成一头狮子的时候，他也毫不犹豫地变成一头狮子进行抵御。

在处理问题时，总是本着和气至上的原则是不可取的，有些时候，和气可能会阻碍你能力的发挥和业绩的提高，而有时候适当的冲突往往是打破思维惯例和绩效瓶颈的最有效方法，因为真理越辩越明，只有敢于迎接冲突，指出对方观点中的错误和不足，坚持和完善自己的想法，才会形成一个更加全面和完善的观点。

冲突并不可怕，相反还会使你更加成熟和卓越，所以别拒绝冲突，必要的时候你得变成一头狮子。当然这并不容易，但却是一个成熟的社会人所必须具备的能力。你应该从一些小事做起，训练自己敢于斗争的勇气和斗争的能力。当对手以强势姿态同你竞争的时候，你也应摆出强势姿态，积极迎接挑战。这样，你就能够逐渐培养起敢于斗争的姿态。需要挺身竞争的时候，你才不至于怯场，因惧怕而退缩。当你从一匹斑马变成一头狮子时，需要注意的是，争吵时要坚持对事不对人的原则，争吵完之后，还要继续同对方保持良好的关系，千万不可反目成仇，否则你将渐渐将自己孤立起来，失去原来苦心培育起来的人脉资源。同时，你还要懂得，当狮子消失时，你还是做你的斑马为好。没有人喜欢与好斗的人打交道，获得好人缘的办法就是当别人与你和平共处时，你也要像只斑马一样和和气气。

15　做事靠理性，凡事三思而后行

很多时候，我们总是喜欢感情用事，但是感情不一定是正确的，很可能只是当时的感觉，如果冷静下来想想，你自己都觉得刚刚的想法太愚蠢了。在做事的时候，理性肯定比感性有用，不要被其他因素干扰，专心地思考这件事本身。

有这样一个故事：一群男孩经常欺负一位身材矮小、性格怯懦的同伴，他们对他的哀求无动于衷，总是无情地在他身上发泄自己的怒气。后来，这个受尽欺侮的小男孩凭着某种特殊的际遇，受到一位世外高人的指点，一下子具有某种惊人的能力。他像一个复仇天使，让那群以捉弄人、欺侮人为乐的男孩为自己错误的行为付出了应有的代价。

真正的专业艺术家，都会为自己的事业制定明确的目标，并围绕目标，科学地规划自己的工作。他们每做一件事，都会事先考虑这件事的后果对自己的目标有什么影响，如果能产生正面的影响，自然会认真去做，

若产生负面影响，就要放弃，或是作出适当的调整。

很多人在处理事情时总盯着眼前，从不考虑日后的影响。比如在交际过程中，仅图一时之利，把交际的对象分为三六九等，戴上有色眼镜，对那些有权有势或对当前能产生影响的人尊重有加，而面对那些小人物或当时看似无关紧要的人却不屑理睬。再比如，你同事的车子坏了，在你开车路过他面前时，他向你招手，而你正赶着去参加一个重要的会议而没有理他，两年后他成为你的主管，还想着这事，难免不会给你“穿小鞋”。

希丁克的教训就很深刻。他在一家公司任生产部经理时，曾将一位前来推销产品的销售员粗鲁无礼地赶出办公室，因为当时他工作太忙，心情也不好。一年后，他再见到那位销售员时，销售员已经转到他的一家大客户那里,在供应部里任职,而且一眼就把希丁克认了出来。希丁克暗中叫苦,怕对方报复。果然,那家大客户给他公司的订单逐渐减少。老板知道缘由后,把希丁克调离了生产部。

为了成功,你必须要敢于表达自己,陈述自己的观点,不顾某些人的脸色和面子。但值得注意的是,争执和分歧必须是为了公司的利益而非个人的利益,再就是要对事不对人,同对方做好沟通,免得对方记恨你。

容易满足于眼前成就的人不可能成为真正的成功者,终将走向衰败和没落。而一个成大事的人,总是有一颗积极向上的心,他们不畏生活中的艰难困苦,总是目光远大,能够透过眼前的迷雾看到将来的成功。

江洋选择的第一家公司虽然名气不大,但很有前途,只是薪水和福利待遇居于同行业中等水平。江洋家庭经济基础差,所以非常渴望一份薪水高的工作,以便靠银行按揭买一套房子。

一天,有一家公司同他秘密接触,想挖他过去。当然,开出的条件也很诱人,薪水多一倍,福利待遇也很优厚,但是,这家公司因为不正当竞争而声名狼藉,一些人才也都跳槽走了,公司经营每况愈下。但江洋权衡再三,还是忍不住薪水和福利的诱惑,跳槽加入了那家公司。

两年后,那家公司破产了。他因有了这段不光彩的职场记录,求职时遇到了很大的麻烦。

江洋后悔莫及,谁让他当初没有考虑到这一点呢?

衡量你的行为对将来的影响,其实并不困难。你的目标便是衡量的尺度,是做任何事的指南,只有对目标的达成有促进作用的行动才应该进行,否则就应放弃。

当你对某件事做出决定时,你要事先考虑对你的目标会有什么影响,如果有悖于你的目标,或者打乱了你的规划,那就不要去做。

我们之所以会冲动地做出一些事后后悔的决定,是因为在当初做决定时受到了一些利益因素的干扰，只是看到了自己将得到的一点利益，而没有看到利益背后的危险。当你没有能力达到你想要的结果时，就不要强行去做，要考虑你这样做很可能会导致严重的后果，到时候既让自己受损，也损害了他人的利益。

16　认识自己的长处是成功的保障

成功学家研究发现，凡是能够成就大事业的人，并不一定比常人更聪明，他们的秘诀在于，能够清楚地认识自己的长处，并在日常行事之际充分利用自己有限的智慧和才能。

而绝大多数人，往往没有将自己的才干用在自己最擅长的工作上，有时甚至还用错了方向。这就是他们本可成就斐然，但实际上却成绩平平的原因。

撇开自己最擅长的工作，无异于抛弃了你最重要的竞争优势。将精力投入到自己不擅长的工作上，以自己的短处与别人的长处去竞争，自然不容易打败对手，取得成功。

世人都非常自信，无论在哪方面，都不想表现得比别人差，不肯暴露自己的弱点。这样往往容易迷失自己，不知道自己真正的优点在哪里，自己的哪些才能是别人所无法企及的。由于无法正确评价自己，认清自己，他们的生涯规划往往会偏离最有利于取得成功的方向，从而阻碍了成功。

要想做自己最擅长的事，就必须认清自己真正的才能和优势，也就是说你具备的才能最适宜在什么领域内工作，要想在这个领域内取得成就你还需要克服哪些弱点。既不要轻视自己，也不能太看重自己，要对自己做一番诚实的评价。如果你对自我评价有点不自信,可以咨询专家、亲人或者朋友。但最重要的还是听从于心灵的需要,因为你对某项工作表现出来的热情,以及由此挖掘出的潜力,只有自己最清楚。

王建大学毕业后,应聘到一家公司推销农药,在很短的时间就取得了优秀的成绩。因为王建的专业是药品专业,对推销产品的性能、使用方法

很熟悉,再加上态度诚恳,农民信任他。王建不禁沾沾自喜起来,认为自己是一个了不起的推销人才,于是决定推销农机,因为推销农机可以拿相当高的销售提成。可是对于农机,王建是一个门外汉,结果他的销售业绩并不好。

王建的失败在于没有认清自己真正的才能,拿自己的弱点当成了优

势。

可见，初入职场，冷静地找出自己的优势，认识到自己比别人强在哪里，是一个人成功的关键。

在你擅长的领域，很容易就能取得优异的成绩，因此要想取得成功就必须向着自己最擅长的方向努力。但有时，我们往往会受到其他领域的诱惑，而冒险投身于新的领域中。向其他领域转移也是可以的，但是如果你脱离得太远，超过了自己最擅长的基本能力，那就危险了，很可能会使你陷入被动之中，进退两难。因此，在你制定发展计划时，最好不要脱离自己最擅长的方向。

1929 年，在世界范围内发生了一场经济危机，海上运输业也在劫难逃。当时，加拿大某公司拍卖产业，其中 6 艘在 10 年前价值 200 多万美元的货船，现仅以每艘 2 万元的价格拍卖。

希腊船王奥纳西斯获知消息后，像鹰发现猎物一样，立即赶往加拿大洽谈这笔生意。他这一反常的举动，令同行们瞠目结舌，都觉得不可思议。

而奥纳西斯却认为，经济复苏和交流的机会终将替代眼前的萧条，危机一旦过去物价就会从暴跌变为暴涨。海运业虽然暂受冲击，但随着经济的复苏，必将重新获得它的地位。如果这时买下这些便宜货，价格回升之后再抛出去，定能获得可观的利润。

虽然很多人规劝奥纳西斯，好心的朋友们也认为他失去了理智，在海运业空前萧条的情况下，他还投资于海上运输简直是疯了，无异于将钞票白白扔进大海，但他还是毅然买下了那些船。

果不出所料，经济危机过后，海运业的回升和振兴居各行业前列，奥纳西斯从加拿大买下的那些船只，一夜之间身价大增，他的资产也成百倍地增长，使他一举成为海上霸主。

可见,在制定发展计划时,最好别脱离你擅长的领域,因为在你擅长的领域里,已经积累了丰富的经验,做事不容易失误,成功的机会就比较大。因此,即使你是一个公司的小职员,在确定自己的奋斗目标时,也要在你擅长的领域里寻找,万万不可一时冲动,想在你陌生的领域里干出一番丰功伟绩。那样做,只会让你输得更惨。

就业市场就像股市行情一样,几乎随时都在改变。过去种种迹象显示,随着社会发展,一些旧的行业不断在消失,一些新的行业不断在产生。

但不管新兴职业如何热门,你在选择时还是要把握"做自己最擅长的事"的原则,去做你能够胜任的,最能实现你的价值的工作。只有懂得认识自己优于众人之处,并注重发挥,努力去实践,才能更加顺利地取得成功。

17　不断提升,才能立于不败之地

现在的年轻人很多都具有较高的学历,有的人在步入职场后,往往很自负,认为凭目前的才能就可以吃一辈子,继续学习就成了一件无关紧要的事情了。如果你也这样认为,就是大错特错了。

美国职业专家指出,当今社会,职业半衰期越来越短,所有高薪者若不学习,不用5年就会变成低薪。就业竞争加剧是知识折旧的重要原因。据统计,25周岁以下的从业人员,职业更新周期是人均一年零四个月。当10个人中有1个人拥有电脑初级证书时,这1个人的优势是明显的,而当10个人中已有9个人拥有同一种证书时,那么原有的优势便不复存在。未来社会只有两种人:一种是忙得要死的人,另外一种是找不到工作的人。

可见,要想在竞争激烈的现代职场上站住脚,永远立于不败之地,就应该不断学习,不断更新自己,提升自己的能力,成为职场中永远的佼佼者,否则,你将会被列入公司裁员的名单之中,说不定哪天就会被淘汰。

所以,学习应该是我们一生都应该坚持的事情。

在职场上奋斗的人的学习,有别于学生时期的学习,前者缺少充裕的时间和心无杂念的专注,也没有专职的传授人员,因此更应该积极主动。

1. 要学会在工作中学习

工作是任何职场人士的第一课堂,要想在当今竞争激烈的商业环境中胜出,就必须学习从工作中吸取经验,探寻启发智慧以及有助于提升效率的资讯。

通过在工作中不断学习，就可以避免因无知滋生出的自满，防止损及你的职业生涯。无论是职业生涯的哪个阶段，学习的脚步都不能停歇，要把工作视为学习的殿堂。这样才不会使自己跟不上时代的步伐。

2. 努力争取培训的机会

多数公司都有自己的员工培训计划，而且企业培训的内容与工作紧密相关，所以争取成为企业的培训对象是十分必要的。为此，你要了解企业的培训计划，如周期、人员数量、时间的长短；你要了解企业的培训对象有什么条件，是注重资历还是潜力，是关注现在还是未来。如果你觉得自己完全符合条件，就应该主动向老板提出申请，表达渴望学习、积极进取的愿望。老板对于你这样的员工是非常欢迎的，也会尽可能地为你提供机会。

3. 主动进补抢先机

在公司不能满足你的培训要求时，也不要闲下来，可以自掏腰包接受“再教育”。当然，首先应是与工作密切相关的科目，其他还可以考虑一些热门的项目或自己感兴趣的科目，这类培训更多意义上可以被当做一种“补品”，在以后的职场中会增加你的“分量”。

随着知识、技能的折旧越来越快，不通过学习、培训进行更新，适应性自然越来越差，而老板又时刻把目光投向那些掌握新技能、新知识的人。所以有专家说，未来职场的竞争将不再是知识与专业技能的竞争，而是学习能力的竞争，一个人如果善于学习，他的前途将是一片光明。我们要把学习贯穿到自己的一生中去。只有这样，才能不断更新、提升自己，最终成就一番事业。

18 世事无捷径，稳中求胜

一个人看到一则广告，上面说：你汇款 10 元钱，就能得到赚 1000 元的最佳方法。

他惊喜万分，立即按地址汇去了钱。几天后，他果然收到了一封回信，上面写道：找 100 个像你这样的傻瓜。

你一定会想：世上怎么还会有这样的傻瓜！其实在我们每个人的大

脑中都有一种投机取巧、妄图不劳而获的心理，只是大多数人能运用理智的力量压制住而已。但它始终会像一条毒蛇，时刻准备引诱你。

世界上也许会有不需付出就能得到的好事，但你觉得自己有那么好的运气得到这样的机会吗？我们无法掌握运气，更不能把自己的一生交到运气手里，等着天上掉馅饼。免费购物券只能当做甜点，而不能当做正餐，因为你根本无法预测自己能否在正餐时间得到它。所以，要吃馅饼就得自己做。只有凭借自己的能力，用自己的双手，积极努力地做事，才能做出可口的馅饼，才能保证在正餐的时候有饭吃。不要指望别人会为你做，更不要期待馅饼会从天上掉下来，否则你只能饿肚子。

很多年轻人都有一种投机取巧的心理，他们认为全力以赴地去做一项工作是笨人的做法。他们总是企图走捷径，耍小聪明，结果把事情弄得一塌糊涂。想彻底摆脱这种状态，真正走上一个良性的循环，就必须彻底抛弃这种想法，真正发挥自己的能力，靠自己的双手去奋斗。实际上这种精神的获得并不困难，只要做好以下几点就可以：

1. 要学会用脑袋做事

在这个知识经济社会，蛮力是不受欢迎的。你应该调动自己全部的潜能和创新思维去处理问题和事情，只有这样才能做出“一张让人刮目相看的大馅饼”。

2. 要树立扎实工作的态度，切记不要投机取巧

态度决定一切，树立了扎实的工作态度，你才会在工作中摸索出正确的方法，不断提高自己的能力，为做“更大”的馅饼打下坚实的基础。

3. 要掌握扎实的专业技能，练就一身过硬的本领

事事只懂点皮毛的人，也许偶尔会取得一点小成绩，但绝不会获得什么大的成功。要想把事情做好，需要你拥有丰富的专业知识和娴熟的专业技能，才能成为行业中的顶尖人才。这就需要你不断学习，更新自己的

知识，提升工作能力，只有这样，你才能在激烈的竞争中立于不败之地。

当然，你不要妄想一入社会就出人头地，获得成功。真正成大事的人，往往都有清晰的长远规划。只有从现在做起，从小事做起，先把基础打牢，才能经得起激烈竞争的考验。给自己制定一个长远规划，一步一步地稳中求进，最后实现目标。

19　收支有度，节俭是美德

中国有句老话，叫"死生有命，富贵在天"，这句话流传了几千年，影响颇大，在一些人的脑子里很有市场。他们虽幻想着富人的生活，却又安于贫困，进而不思进取，常常把这句话挂在嘴上。

虽然能成为富翁的人只是少数，但绝大多数人都拥有成为富翁的能力，即勤奋、节俭、充分满足个人所需的能力。这样就可以拥有充足的储蓄，以应付当自己年老时面临的匮乏和贫困。

一个人也许会不知疲倦地辛勤工作，但他们却没法避免大手大脚地花钱。

每个人都会到该成家立业、赡养父母、养育下一代的年纪，再大手大脚，那叫不负责任。从"一个人吃饱全家不饿"到考虑一个家庭的现在将来，从只知道吃喝玩乐，到要买房、要结婚、要投资、要充电、要留学，成熟的标志是从"只会花钱"到"学会怎样更好地花钱"。不要轻率地对待金钱，因为金钱反映出人的品格。

人类的某些最好的品质就取决于是否能正确地使用金钱——比如慷

慨大方、仁慈、公正、诚实和高瞻远瞩。人类的许多恶劣的品质也起源于对金钱的滥用——比如贪婪、吝啬、不义、挥霍浪费和只顾眼前不顾将来的短视行为。

当节俭被视为是一件必须付诸行动的事情时，人们就不会感到它是种负担了。那些从未奉行过节俭的人，有朝一日他会惊讶地发现：每周节省几块钱竟然使自己实实在在地获得了道德品质的升华、心灵素养的提高以及个人的独立。

许多人都向巴比伦富翁阿卡德询问致富的方法。阿卡德问："假如你拿出一个篮子，每天早晨在篮子里放进 10 个鸡蛋，每天晚上再从篮子里拿出 9 个鸡蛋，最后将会出现什么情况？"

"总有一天，篮子会满起来，"有人回答，"因为我每天放进篮子里的鸡蛋比拿出来的多一个。"

阿卡德笑着对他的崇拜者说："致富的第一个原则就是在你们放进钱包里的 10 个硬币中，顶多能用掉 9 个。"

这个故事告诉我们必须学会节俭。每一个年轻人都应该知道，除非他养成节俭的习惯，否则他将永远不能积聚财富。

并非是一个人所赚的钱构成了他的财富，而是他的花钱和存钱的方式造就了他的财富。当一个人通过劳动获得了超出他个人和家庭所需开支的收入之后，他就能慢慢地积攒下一小笔钱财了，毫无疑问，他从此就拥有了在社会上健康生活的基础。这点积攒也许算不了什么，但是它们足以使他获得独立。

一个意外地失去了自己工作的人对于自己突然失业毫无准备。多年以来，他从不考虑为将来储蓄，花光了自己所有的工资。"想起这些来我就后悔，"他绝望地说，"15 年来，如果我一天能够存上一元钱，持之以恒，那么我现在应该有 5000 多元积蓄，而且还不算利息。我本来应该有更多

的积蓄。想到自己以前这么傻，我就要发疯。我现在这样真是自作自受呀！”

不要以为每天节约一点无济于事。不积跬步，无以至千里；不积小流，无以成江海。对于年轻人，一块钱对你来说可能微不足道，但是它却是财富得以生长的种子。如果我们要享受鲜花的芬芳，吃上新鲜的蔬菜，就必须播种，把种子播种在肥沃的土壤里，细心地呵护。

如果一个人能够节俭地利用自己的收入，免除不必要的开支，那么几乎每一个壮年劳动力都能够自给自足。但不幸的是，人们往往会发现，这又是一件世界上最困难的事情。许许多多的人甘愿艰苦地工作，但是能够做到生活节俭、量入为出的人不到的十分之一。

自己的收入没过多久就被吃喝一空，他们从不拿出一小部分作为积蓄，以备在疾病或者失业等紧急情况下使用。所以，在金融危机的时候，在工厂倒闭的时候，在资本家冻结资金不再投资的时候，他们陷入了困境，甚至要破产。那些赚来钱就立刻花掉，从不为未来作任何储蓄的人，不会比一个奴隶过得更富足。

“假设他有一定的能力和理智，”菲利普·阿莫说，“一个节俭、诚实和有经济头脑的年轻人怎么会不成功呢？怎么会没有财富上的积蓄呢？”

当被问到什么品质使他成功的时候，阿莫说："我认为，节俭和讲究经济是重要的原因，我从我妈妈对我的教育中获益匪浅。我继承了苏格兰祖先们的好传统，他们都很节俭，讲究经济原则。"

罗素·塞奇说："每一个年轻人都应该知道，除非他养成节俭的习惯，否则他将永远不能积聚财富。""在开始的时候，即使只节约几分钱也要胜过不做任何的储蓄；随着时间的变化，他将会发现拿出一部分作为积蓄变得越来越容易了。银行积蓄的快速增长会令你吃惊。那些能够这样做，并且持之以恒的人将会过一个幸福的晚年。有的人总是悲叹他没有变得富裕起来，因为他花掉了他所有的收入。"

富爸爸曾语重心长地告诫人们："大多数人没有意识到在生活中，不在于你花掉了多少钱，而在于你留住了多少钱。"因此，省自己的钱，让别人说去吧！

20　君子坦荡荡——磊落示人

我们有许多人都有在背后议论人是非的习惯，其中大多是"非"——说别人的坏话。这种攻击通常是在与自己的利益无关的前提下说的，于是说人者觉得自己不背负道德意义上的责任，也就放任自己，再加上旁人也有喜欢听的习惯，所以就对自己的这一"恶行"不加以反思和制止。有个词语叫做"流言"，你所议论大家的是非早晚会传到被议论者的耳朵里。到那时候，得罪了人，就会给自己带来不断的麻烦。

如果你养成了好在背后议论别人的习惯，那么你就不可避免地成为以下几种人：

1. 爱发牢骚的人

经常喋喋不休地在背后议论别人，褒贬别人，你就会给别人留下爱发牢骚的印象。这就显得你自控力差，工作能力也不强。这种评价传到上司耳朵里，上司对你的印象还会大打折扣，加薪或者晋升的机会就与你无缘了。

2. 爱评判是非的人

议论别人时，你自然少不了作出一番评判，谁优谁劣，谁对谁错，谁爱拍上司的马屁，谁是靠关系升迁的，等等。时间一长，你自然以"判官"自居，还在沾沾自喜，其实连那些议论的人都开始怕你了，故意躲开你，也不再跟你一起参与议论了。试想，谁愿意把把柄留给一个"判官"呢？这就会使你成为孤家寡人，一个失去人脉基础的人，还会有成功的机会吗？

3. 忌妒心强的人

那些好在背后指责和讽刺别人的人，往往缘于强烈的嫉妒心。他们一发现别人比自己优秀，就心里不平衡，于是就靠诽谤去打击别人，以贬低别人来提高自己，这样的人同样会引起别人的反感，让围绕在身边的人弃你而去，成为孤家寡人。

4. 小人

这里所讲的"小人"，是指人格卑鄙的人。有意见不敢当面提，光明正大地辩论，总是在背后指手画脚，评判是非。即使你在赞美别人，别人也会怀疑你的诚意，还以为你是在借着赞美讽刺他。这样的人终究会落下一个"小人"的名声。谁会愿意和一个"小人"打交道呢？

要避免成为以上四种人，你就要彻底改掉背后议论别人的习惯。如果有些话你不愿当面说，也不要在背后说。你可以按照下面几点去做：

1. 有意见尽量当面提，当面澄清

无论是在工作还是生活中，你对某人或某件事有意见，尤其是批评性的意见，你想发表自己的观点时就一定要找当事人当面提，涉及什么矛盾，也要当面澄清，切不可在背后与人议论，进行褒贬。这样不但不会解决问题，反而会使矛盾更加激化。

2. 公开发表评论时，要对事不对人

工作或生活中的“老好人”，往往不会成就什么大的事业。你对某人做的某事有什么批评性的意见时，你完全可以公开发表评论，当然若当着当事人的面会更好，在评论中你往往会表现出自己的能力，但你一定要坚持一个原则，即对事不对人。这样还会得到对方的谅解，如果你的意见是正确的和有益的，你们甚至会建立起合作伙伴关系。

3. 不要单独在上司面前指责别人

有些人喜欢一个人跑到上司面前打小报告，刻薄无情地指责竞争对手。如果你反映的是事实，上司固然会对你的竞争对手失去信心，但对你也会产生怀疑，一是你这么做的动机，二是你会不会以同样的手法来对付他。

4. 保持沉默

有人说，沉默是金。在当今竞争激烈的职场中，沉默虽然不是最好的解决问题的方法，但在对待某些问题时，还是会取得好的效果。当你想表达自己的意见又不愿当面说时,你完全可以选择沉默。

因此一定要记住:不愿意当面说的话,也不要背后说。真要做到了这一点,你就能够远离很多是非,建立起良好的人际关系,树立起良好的职场形象,充分发挥自己的聪明才智,一步一步向成功靠近。

21 守住秘密,守住信任

有一件事,你不想让第二个人知道,那它就是秘密。如果你忍不住告诉另外一个人,那它就很难再成为一个秘密了,因为你告诉的那个人虽然做出了保密的承诺,但实际上他很可能跟你犯同一个错误,忍不住又告诉了第三个人。

有这样一个实验,有人在办公室里故意放出风,告诉了身边一个人一条无关紧要的花边新闻,结果很快,这个新闻就通过别人传了回来。

所以,假如你果真有什么秘密的话,不要期望别人为你保守秘密。

罗斯福总统就是一个保守秘密的典范。他在当海军部长助理时,有一位好朋友去看望他。谈话间朋友问及海军在加勒比海某岛建立基地的事。

他的朋友说:“我只要你告诉我,我听到的有关基地的传闻是否确有其事。”

罗斯福望了望四周,然后压低声音问朋友:“你能对不便外传的事保密吗?”

朋友急切地回答:“能。”

“那么,”罗斯福微笑着说,“我也能。”

然而，现实生活中，有很多人是无法对秘密守口如瓶的。他们往往被一种表现欲望所支配，既想炫耀一番，又想使秘密不让太多的人知道。这种鱼和熊掌都想兼得的心理使他们将秘密变得不再是秘密。

拿交朋友为例。有时你结识了新朋友，对他很有好感，心底涌起一时的冲动，甚至准备将一些秘密告诉对方，来表示自己的诚意。这时候你一定要冷静，克制住自己，因为你对他缺乏更深切的本能性的了解，不宜过早地与他讲深交、讨好的话。

比如，当你刚来到一个新的工作环境，你和一位同事互有好感，两人一起外出午餐，有说有笑，无所不谈。同事可能很乐意把公司的种种问题，甚至每一位同事的性格都说给你听，你本人对公司的人事情况一无所知，自然也很珍惜这样一位“知无不言，言无不尽”的朋友，立即把对方视为知己，将平时看到的不顺眼、不服气的事，都向对方倾吐，甚至批评其他同事和上司，借以发泄心中的闷气。

如果对方能为你保守秘密，问题自然不大。但是，你对这位同事又了解多少呢？如果他把你批评同事或上司的话公之于众，试想，你在公司里还有立足之地吗？

因此，你对自己并不真切了解的人说话要有所保留，能说三分的话，千万不要说到四分。

有这样一个寓言：

一只虱子常年住在一个富人的床铺上，由于它吸血动作缓慢轻柔，商人一直没有发现它。

跳蚤来拜访虱子。虱子对跳蚤的性情、来访目的，一概不闻不问，还把不该说的秘密告诉跳蚤："这个人的血是香甜的，床铺是柔软的。"

跳蚤不过是路过这里，它听了虱子的话，就不想走了。当天晚上在富人进入梦乡后，跳蚤迫不及待地跳到他身上，狠狠地叮了一口。富人在梦中被咬醒，愤怒地令仆人搜查，伶俐的跳蚤蹦走了，慢慢腾腾的虱子成了跳蚤的替罪羊。虱子到死也不知道引起这场灾祸的根源。

在人际交往中，切忌心血来潮把秘密告诉不合适的人，因为真正的秘密只能有一个人知道，不然，你就可能受到伤害。

王勇是一家公司的业务代表，在一次聚会时，偶与另一家公司的业务员相遇，两人很投缘，话也越说越投机，大有相见恨晚之感。王勇把对方当成了自己的贴心朋友，结果在耳热酒酣之后，把自己公司将要开展的业务计划说了出来，当然，是在对方承诺保守秘密的前提下。一个月后，当王勇的公司把新的业务计划投入实际运作时，却被客户告知别的公司已经在做了，并签了合同。作为与老板共知计划机密的王勇，自然让老板狠狠批评了一番，并罚薪降职，永不重用了。

如果你忍不住，实在想把秘密说出来的话，不妨找一个与秘密无关的第三者，比如知心朋友、爱人、孩子，甚至宠物，切不可与初交的人和同事分享秘密，否则你的秘密被泄露的几率就会大大增加。

当你和别人共同拥有一个秘密时，你往往会因这个秘密同对方拴在了一起。这对你灵活机动地处理事情是一个障碍。在处理一件事时，你不得不考虑他的利益，这往往使你做出违背原则的事。同时，对方可能会在关键时刻，拿出你的秘密作为武器回击你，让你在竞争中失败。

所以我们若能在保守秘密这个问题上处理得当，就不会因泄露秘密而把事情搞得复杂化，或者使自己陷入身败名裂的境地，从而保持着良好的个人形象，去成就一番事业。

22 喜怒不形于色

在交涉事情的时候，如果对方是一个血气旺盛的人，就很难获得良好的结果。因为对方血气方刚，一点点小小的事情都很容易扰乱了他的心志，于是，不该讲的话也讲出口了，喜怒哀乐的表情都表现在脸上，对于这种人，最好能仔细观察他们的表情，用策略套出他们的秘密，而且要确实掌握他们的真意。在商场上，是否能够了解对方的内在意思，这是成功的关键所在。

无法隐藏自己的感情或表情的人很容易受人摆布。连其他条件都完全相当的时候也是如此，更不用说如果对方手腕高明的时候，那是绝对无法获得胜算的。

你或许会说："假装不知道不就没事了！"虽然这么说也没有错，可是心情被人读出来之后，你就再也无法控制别人了。甚至更极端地说："心情被人读出来之后，你连任何一件事情也无法完成。"虽然同样是假装不知道，但是，不让人读出心事而假装不知情，和为了欺瞒对方而假装不知情，其中的差异是很大的，而且后者是错误的。为了欺骗他人而隐藏住感情，不仅违背了道德，而且可以说是一种卑鄙的行为。

培根曾经写过："欺瞒对方，这是真正具有智慧的人所不愿意做的；为

了不愿意让人看透你的心事，而隐藏住感情，和打牌时不愿让人看到你的牌面是相同的，但是为了欺骗对方而这么做的话，就如同是偷看了对方的牌。”

政治家波林布鲁克也在他所著的书中写下了这段话，现摘录如下：

“为了欺骗别人而隐藏感情，就像暗中抡起短剑，不仅是不受欢迎的行为，而且是一种不法的行为。使用了短剑之后，不论如何辩解，都无法使这个行为正当化。相对地，为了不使别人看出你内心的本意，而隐藏住感情，就像手里拿着一把盾一样，为了保持机密，只好披上了甲胄。”

在工作上，如果不隐藏某一程度的感情，是无法保持机密的；如果不能保持机密的话，工作就无法顺利进行。就像贵重金属混入合金之后，铸造出硬币的技术一样。

虽然加入少许的合金是必要的，但是如果加得过多的话，硬币就丧失了一般通货的价值，铸造者的信用也将一蹶不振。心中不论泛起了什么感情的波澜，都不应该将它表现在脸上，或言词上，所以你要努力地将自己的感情完全隐藏起来。这虽然有点儿困难，但是也不是完全做不到的。知性的人是不会向不可能挑战的，但是，即使有困难的事情，只要是有追求的价值，即使要花二倍以上的努力，仍然必须去做，这个道理你得谨记在心。

23 新角度开阔新视野

很多年轻人，在步入职场后，往往发现“地盘”都被人圈好了，别人都忙着在自己的地盘上耕种，而自己却无地可耕，仿佛成了一个多余的人。这就像你好不容易挤进了一家剧院，却发现座无虚席，你只能希望别人给你让个座，或者有观众中途退场。

在现代职场上，往往是保住了地盘就保住了饭碗。你仔细观察就会发现，不管职位高低，每个人都拥有自己的地盘。比如，秘书的地盘可能是她使用的电脑、打印机、办公的桌椅，对老板的职责等；业务员的地盘是营业额、对外人脉、客户等；而老板的地盘则是在公司内外的影响力等。一般来说，职位越高、资历越深的员工，所占有的地盘就越多。一个人占有地盘的多少，代表着他的身份与重要性。一个上班族，要想保住饭碗，就要保住自己的地盘，否则，可能稍有不慎，地盘就会被别人占为己有。

年轻人急于开拓自己地盘的心理是无可厚非的，但要讲究方式方法，千万不可眼红心热，不择手段地去挖别人的墙角。那样你会得不偿失，很可能目的没有达到，还恶化了跟同事的关系。

其实，别人的地盘，往往因为耕种多年已地力衰竭，与其去抢别人没有养分的地盘，还不如自己去开拓一块属于自己的新地盘。这样，你就等于在职场列车上为自己安设了一个既可以眺望远景，又出入自由的舒适座位，既避免了与有座位的同事争抢座位的正面冲突，又找到了自己的位置。

冯力经过三番五次的面试、笔试，终于如愿以偿地进入一家大公司。可是，在去市场部报到的第一天，他却发现自己是没有地盘的营销代表。在市场部，几个业务员已经极其周密地分了工，把容易出业绩的地区全部占据了。

冯力一来，市场部经理就主持召开了目标市场重新分配会议，在会议上百般启发，希望那几个老业务员有点觉悟，将部分市场让给冯力，要不然，就带冯力一起跑，让他出点业绩也行。经理暗示了老半天，那几个“老鸟”都装作听不懂，不应这个茬儿，经理渐渐也没了主意。这也难怪，搞业务的，市场就是命根，市场把得牢，就容易出业绩。他们认为，只要自己有业绩，经理也不能怎么着。

经理最后无奈地对冯力说：“小冯，别着急。我有几个地区，本来出单就难，你要是不嫌弃，咱就一块跑吧。”

冯力却拒绝了。

他的校友、现在同一公司任技术员的亚东见他按兵不动，以为他束手无策，就给他支招儿：“冯力，现在是市场经济，要靠业绩吃饭，你不能太老实了。那些‘老鸟’把地盘圈完了，还把持着不让别人动，这规则是谁定的？你谁都不用计较，看好的地，就大胆地去圈。”冯力对亚东的劝告一笑了之，他不希望与老业务员闹到同行是冤家的地步，变成戒备、防范和对峙的关系，假如这样的话，工作还有什么快乐可言？他试着说服自己，看起来地是被圈完了，但市场这么大，一定还有许多未开发的处女地。为什么非要抢占别人的地盘呢？

冯力开始到销售网覆盖以外的空白地区去开拓市场，他认真观察，周密地进行市场调研，科学分析数据，脚踏实地地去做客户的工作。一个月后，他终于在一个地区建立了办事处，并且销售额逐步稳中有升。这让那些老业务员瞠目结舌："嘿，'菜鸟'一下子就长大了。我怎么没发现那些地区能出单呢？"

现在，冯力与老业务员的关系也发生了很大的转变，不再是剑拔弩张，而是和谐融洽。老业务员也松了一口气，并且经常传授一些业务经验给冯力。冯力很快也成了公司的业务精英。

世界这么大，总会有你的容身之所，总会有新的领域等着你去开拓，意识到这一点，只要你肯努力去做，就会像冯力一样，圈到自己的地，并做出优异的业绩。

如果你一开始实在没有能力去开拓新的领域，你可以虚心拜一位老业务员为师傅，不管薪水多少，勤快地跑前跑后，学习积累经验，并利用工作之便，去开拓新的市场。对于你的行为，你的师傅一定会理解并给予大力支持，关键时刻还会给予指点、帮助，因为你出成绩了，也是他的荣耀。

建立了自己的地盘，一定要保护好它。当地盘遭人侵略时，你应"遇强则强，遇弱则弱"，先坐下来和他谈，以礼貌代替争论，请他让开。如果不行，你可以采取相同的方法——侵入他的地盘，让他感到受到威胁知难而退，但绝对要避免场面失控。

地盘的取得不外乎是地位、人格与贡献，要经由别人的认可与影响力的扩大而来。因此，要想稳住自己的地盘，首要的任务就是能广结善缘，建立良好的人脉网络。你应该先去认识一下公司内部或相关行业的意见领袖，尽快和他们建立良好的关系，以使他们有可能在你需要的时候助你一臂之力。

其次，平时在工作中尽量热情帮助别人，当你为别人分忧解难的时候，他们就会记住你的人情，日后就自然能形成一股支持你的力量。

再者，维护良好的信用。不论是你有求于人，还是别人有求于你，在不损害道德及公司利益的前提下，一定要信守承诺，赢得对方的信赖。

一定要记住：即使你再窘迫，也不要贸然去挖别人的墙角，可能你一时得利，但失去的更多，比如良好的人际关系、个人良好的形象、良性发展的基础。失去了这些，你还指望什么能获得成功呢？

24　不因失去而哭泣

曾为英国首相的劳合·乔治有一个习惯——随手关上身后的门。一天，有个朋友来拜访他，两个人在院子里一边散步，一边交谈，他们每经过一扇门，乔治总是随手把门关上。

朋友很是纳闷，不解地问乔治："有必要把这些门都关上吗？"

乔治微笑着回答："哦，当然有必要。我这一生都在关我身后的门。这是必须做的事。当你关门时，也就是把过去的一切留在了后面，不管是美好的成就，还是让人懊恼的失误，这样，你才可能重新开始。"

把过去的一切关在身后，也就是卸下身心上的包袱，只有这样，才能更好地重新开始新的生活，而这个问题却常常被我们所忽略。大多数人

总是习惯把过去的事情，无论成功或喜悦，失败或烦恼，放在大脑里不忍抛弃，结果使得身心疲惫，既浪费了精力，又影响了事业持续、快速、健康地发展。所以，你应该试着学会经常把身后的门关上，把过去的一切留在后面。

无论在工作还是生活中，你可能都会出现一些失误，甚至由此导致失败。如果你老是懊悔不已，耿耿于怀，就会背上沉重的思想负担，甚至产生消极的情绪，这对于你的健康发展有百害而无一利。也许一些不经意的事件就能使你产生烦恼，如果你和烦恼较劲，总是问为什么倒霉的总是你，你的情绪就会愈发不稳定，如此怎么能保持平静的心态重新开始呢？俗话说：“为误了头一班火车而懊悔不已的人，肯定会错过下一班火车。”

所以，当你出现失误或产生烦恼时，要立即关上身后的门，把它们统统关在身后。

把失误和烦恼关在身后，有利于你做一个快乐的人。

快乐有益于你的健康，能激发你的创意，使你尽善尽美地把事情做好。总沉湎于懊悔和烦恼之中，是快乐不起来的。所以，你要学会将过去的失误、错误统统忘记，一直向前看。把握每一天，尽力做好当天该做的事，明天又将是新的一天，应当重新开始。当代大提琴演奏大师波罗·卡萨尔斯在他93岁生日那天曾说过："我在每一天里重新诞生，每一天都是我新生命的开始。"

我们取得了成就，就会产生巨大的喜悦，并对自己充满信心。但过于沉浸在成功和喜悦之中，往往会过分看重自己，进而影响你对未来工作的判断，埋下失败的种子。过度的喜悦也会同烦恼一样，扰乱你的情绪，影响你工作的正常发展。更可怕的是在已取得的成功中流连忘返，自我陶醉，进而止步不前，因此成功很可能成为进取的障碍。所以，虽然成就和喜悦能给你产生一些积极的影响，但也要将它们及时关在身后。

只有你不再受过去一些因素的影响，才会保持平和健康的心态，正确地把握将要发生的事，去取得新的成功。

真正做到宠辱皆忘，波澜不惊，你才能够成为一个没有"包袱"、没有压力的人，以崭新的状态投入到新的工作和生活中去。这将有利于你把事情做好。

一个不受过去干扰的人，就像画家手中的一张干净的纸，更能画出美妙的图画来。因为是崭新的开始，就需要付出全部的努力，认真地对待，一丝不苟地去应对每一个环节和细节，这样往往更能把事情做好。

关上身后的门，并不是把你过去的经验和教训也关在身后，这些都是你人生的宝贵财富。你应把它们潜移默化地融化到你的血液里，让它变成一种本能，成为一种习惯，这样更有利于你走向成功。

人生是一个不断放弃，又不断创造的过程，所以适时地关上身后的门就是一种智慧的人生态度。只有忘记了过去，你才能重新开始，迎接新生。

荷兰首都阿姆斯特丹有一家15世纪的老教堂，它的废墟上留有一行字：事情既然已经这样，就不会另有他样。

事情既然已经发生了，无论是好是坏，都已经成了事实，也就不可改变，你只有平心静气地去接受它。

著名的成功学大师拿破仑·希尔还是一个小孩的时候，有一天，他和几个小朋友在一间木屋的阁楼上玩耍。他从阁楼上出来的时候，先在窗栏上站了一会儿，然后才往下跳，结果他左手指上的戒指勾住了一根钉子，把他整根手指拉脱了下来。

他吓坏了，尖声大叫起来。当时他以为自己会死掉。可是他的手好了之后，他就再也没为这个烦恼过。因为他明白，继续烦恼又有什么用呢？所以他接受了这个事实。

长大以后，他就几乎不再去想——他的左手只有四个手指。

有一次，他在办公楼里碰到一个开货梯的人。那人的左手被齐腕砍断了。他问那人少了一只手会不会觉得难过，那人回答道："不会。我根本就不会想到它。只有在要穿针的时候，我才会想起这件事情来。"

令他惊讶的是，很多人在不得不如此的情况下，几乎都能很快接受任何一种情形，或者使自己适应，或者整个忘了它。

无论在工作或者生活中，每个人几乎都会碰到一些不顺心的事，一旦事情发生，你就要接受事实，尽快从烦恼或者悲痛中摆脱出来，因为事情既然已经这样，就不会另有他样。

陈晓小时候是一个顽皮的孩子，七岁那年，他爬到屋顶上玩，房子上面有一根电线被风刮断了，可他不知道很危险，还拾起那根电线玩，结果被电击倒，失去了知觉。看见的人赶忙将他送到医院救治，性命保住了，可他却失去了两条胳膊。

陈晓从此变得沉默寡言，家里人怕他陷入悲伤之中不能自拔，可观察了几天又放心了。陈晓默默地练习用脚写字，渐渐地，脚像手一样熟练了，脚几乎能干所有手能干的事情。家里买了一辆面包车后，他还迷上了开车，竟然用两只残臂熟练地驾驶着面包车在乡间小道上纵横驰骋。

二十岁那年，陈晓参加了一家省电视台的娱乐节目，他是来创造纪录的。他要用脚给针穿线，现场观众都被他精彩的表演和高超的技艺所折服，情不自禁地爆发出热烈的掌声。

陪他来参加节目的还有他漂亮的未婚妻。显然，他的未婚妻不是因喜欢他的残臂而愿意跟他结合的，他凭自己坚韧不拔的精神赢得了姑娘的芳心。

当我们确实处于恶劣的客观环境中，又无力也无望改变现实时，那么就要乐观地去接受现实，并积极适应它，开创出属于自己的一片新天地。因为，事情既然已经这样，就不会另有他样了。

25　勇于舍弃是大智慧

诗人泰戈尔说过：“当鸟翼系上了黄金时，就飞不起来了。”

一个不成功的人，往往并不是没有目标，而是目标太多。这样的人不懂得放弃那些不切实际的目标，他们什么都想要，但因为精力和时间有限，结果什么都没有做好。在物欲横流的今天，如果不懂得选择，那就意味着你放弃了自己成功的机会。所以，舍弃是必要的，即使你有时候舍不得。

有这样一个故事：一匹毛驴幸运地得到了两堆草料，然而犹豫却毁了这可怜的家伙。它站在两堆草料中间，一会儿看看左边的草料，一会儿看看右边的草料，犹豫着不知先吃哪一堆才好，就这样，守着近在嘴边的食物，这匹毛驴却活活饿死了。

其实，无论在生活还是工作中，很多人在放弃一些看来还不错的事情时，往往是表现出犹豫不决的态度，就像面对鸡肋，食之无味，弃之可惜。但如果你不能果断放弃，就不会得到更好的选择，更不会得到什么好的结果。

约翰失恋了。但他还深爱着那个姑娘，所以他非常痛苦。他去找好友吉格斯倾诉内心的忧伤，吉格斯却向他恭喜。

约翰一愣，问为什么。

吉格斯说："我恭喜你及时放下了不属于你的东西。一份感情执意要走的话，你是无论如何也留不住的，你也没有必要留。"

后来，约翰终于从痛苦中走了出来。不久他遇上了自己的白雪公主，两个人互相爱慕，享受到了真正的爱情。

这次约翰找到吉格斯，向吉格斯致谢。

约翰说："如果当初不是及早放下了过去，就不会及时踏上另一列快车——一列永远都会赖着不下的美丽列车。"

事实上，我们往往同时遇到多种选择，在选择什么的时候，其实也在放弃着什么。由于所放弃的，在当时还处于一种较好的状况，我们就会更难放弃，但为了更好地得到，获得更大的成功，就必须放弃。而这种放弃又不是随意的，更不是三心二意的。例如，看到影视演员容易出名，就去学表演；看办公司能发财，就去办公司；看从政升官快，又热衷于参加政治活动。应该充分评估自己的才能，认清自己最适合干什么，干什么事最能实现自己的人生价值，然后才能做出正确的选择。再加上自己的不断努力，才会最终取得成功。

杨露就是一个敢于放弃、善于放弃的成功女性，她 20 岁放弃芭蕾舞进入深圳的 IT 业，22 岁到北京一家玩具厂做业务员，23 岁进入中国惠普公司，30 岁突然辞职，放弃百万年薪和熟悉的 IT 业，做起了自己的形象设计公司。

已经做到中国惠普大客户部销售经理的杨露，考虑了整整三个月的时间，终于向惠普公司递交了辞职信。辞职后，杨露的电话成了“咨询热线”，亲朋好友及同事纷纷打来电话，问她哪来的勇气。有人羡慕，说她敢于放弃；有人惋惜，说她再等等就可以升职到三级老板，怎么能放弃。杨露只说了一句话：“我相信只有做我真正喜欢的事情才能长久，才能做到最好，请你们支持我！”

杨露辞职并不是一时冲动。尽管在惠普公司她已是高级主管，但终究是给别人打工，她想创办自己的公司。有一天她突然发现，在中国虽然已经有了一些形象设计公司，但却很不规范，尽管专业技术很好，但大都凭着热情和感觉在做事，既不够理性，也缺乏市场运作。她觉得凭自己这么多年在商场打拼的经验，再加上自己对美的理解和领悟，完全有能力在这一行里大有作为。于是，她毅然决定开一家正规的形象设计公司。

当然，杨露也犹豫过。毕竟已经做到惠普公司的高级主管，还有令人羡慕的百万年薪，即使一直在惠普做下去也能保证她一辈子舒舒服服地生活。

可是这样毕竟是给人打工，她渴望的是为自己做事，这更能体现她的价值！

形象设计公司开创后，杨露便全身心地扑在公司的运作上，很快就赢得了大量的客户。正在公司飞速发展的时候，一个偶然的机会给杨露带来了灵感。2002年底，她去美国参加一个朋友的婚礼，席间认识了一个公司的老总，那个老总随手拿出了公司的员工合影，杨露忽然觉得那是一种整体的美，员工们的表情是那么的自信和灿烂，这是中国企业所不曾拥有的。她好奇地马上把疑问说了出来，然后她听到了一个全新的概念：EII（员工形象整合）。原来世界500强公司里几乎都设置了一个新的高层职位CEO，主管企业的整体形象设计，而一些尚未设此职位的公司也会把这项业务交给专业的EII公司来做，在国外为公司员工包装形象是企业文化不可缺少的一部分。杨露的眼睛一亮，立即看到了公司发展的方向：公司可以在原有个人整体形象设计的基础上，大力强化企业员工整体形象的设计。这可是一个潜在的大市场啊。

想到就做！杨露聘请了国内外很多实力雄厚、经验丰富的设计师和咨询专家，大力拓展新的业务。现在，一些企业的老板都希望杨露为其下属酒店做EII，MBA管理培训公司希望杨露为其学员上课，说是要为“新时代的老板洗脑”。杨露顺利地叩开了成功的大门，最终取得的成功一定会超过她在惠普公司所获得的。

其实，放弃并不一定意味着失去。放弃贪婪，就得到了轻松；放弃痛苦，就得到了快乐；放弃患得患失，就得到了洒脱；放弃阴霾的昨天，就得到了晴朗的今天。

威廉·惠德说得好：“如果一个人面对着两件事情犹豫不决，不知该先去做哪一件事情好，那么他最终将一事无成。他非但不会有什么进步，反而会后退。唯有那些具有如恺撒一般的特性——先聪明地斟酌，再果断地决定，然后坚定不移地去行动的人，才能在任何事业上，都做出卓越的成绩来。”千万不要把放弃看成一件简单,甚至无关紧要的事,有时放弃比选择更难。只有懂得放弃、敢于放弃、果断放弃,才会把握住机会,获得更大的成功。

26 努力多一点,机会多一点

有一首歌这样唱道:不经历风雨,怎么见彩虹,没有人能随随便便成功。

把这句歌词拿到职场上来理解,每个人都应努力工作,付出的越多,才会收获的越多,而做事草率、甚至投机取巧的人,永远也不会看到成功的彩虹。

努力工作,显示了一个人的工作态度。自动自发地努力工作,表示你具有积极的上进心,而保持一颗上进心,你才敢于正视困难,克服困难,一步一个脚印地实现自己的目标。努力工作表明你具有良好的敬业精神,让人觉得你工作踏实,目标专一,有恒心,有毅力,让人相信你能把工作干好。

现在的老板非常青睐认真工作的员工,并给予很多的机会。从平凡的工作中脱颖而出,与其说是个人的才能决定,不如说取决于个人的进取心态。这个世界为那些努力工作的人大开绿灯,直到他生命的终结。

金凯思退休前是一家著名公司的董事长兼总经理,在企业界享有很高的声望。所以,很多大学都请他去演讲。有一次,他在演讲中提到:

“要想获得成功,努力工作是最基本的功夫,一定要在工作上花比别人更多的时间,尤其是在给别人打工时。只有这样做,你才能为自己争取到更多的机会！如果当年我不比别人努力，不全力以赴地工作，师傅怎么会把吃饭绝活倾囊相授呢？没有优秀的才能，没有敏锐的眼光，怎能激起我出来创业的念头呢？所以，各位同学，在你踏入职场后，想要独立创业之前，一定要先问自己三个问题：我已经努力了吗？我是不是比别人更努力，从中学到了许多创业人必备的专业技术和能力了吗？我知道如何当老板，如何把事业经营得更出色了吗？如果你答案中有一个是否定的话，就不要轻言创业。”

努力工作，会为你将来的发展打下坚实的基础。也只有努力工作，才会使你竭尽所能把工作做好，树立良好的职场形象，获得老板的青睐，成就自己的事业。

奥尼尔是一个历经沧桑的实业家，在一次聚会上阐述人生经营之道时，他提到他的座右铭：“认真打拼的精神，比黄金还要宝贵。”

他告诉大家：“任何事业都要靠打拼的精神才能开创出来。打拼，就是认真去做，努力去做。耐力强、不急躁，一定能得到最后的胜利。我之所以有今天，完全在于这30年来我全力以赴，努力做事，所以我成功了。”

接着，他讲了自己刚踏入职场时的一段经历：

他进入一家公司后，为了尽快熟悉业务，下班后自愿留在办公室里加班，时间一长，竟养成了加班的习惯。他发现，他的老板也有下班后加班的习惯。

他的老板刚开始以为，奥尼尔只是装作很努力的样子给自己看，就故意有几天下班就离开了，结果发现奥尼尔并不在意，依然一个人留在办公室加班。

老板对奥尼尔自动自发努力工作的表现留下了深刻的印象，就安排一些重要的工作让他做，这使他得到了很多的锻炼，业务能力也迅速提升，成为同事中的佼佼者。

一年后，当他的上司调离时，他就顺利地被提升为主管。

当你在工作时，假如发现别人不努力工作，千万不要理会。别人不努力那是他们的事，你一定要努力工作。因为有时候，成功不一定靠机遇，比别人更努力，就可以成就一番事业。

27　求人莫若求己

人生好比一张白纸，你可以在白纸上用不同的色彩描画你未来的蓝图。我们大可不必把自己的命运交给别人来决定。现在有所成就并过着幸福生活的人们,没有一个不是努力开拓并支配自己的命运的。

有一个人,一遇到难事就去庙里求菩萨。她跪拜在菩萨像面前,忽然发现旁边跪着一个人,非常眼熟,正是菩萨。

她不禁问:“你这是……”

菩萨笑着说:“我这是自己求自己啊。”

求人不如求自己。很多人都有一种依赖他人的心理,其实只要加把劲,凭自己的能力也能把问题解决,可就是总想着去求人,往往问题解决了,头脑里却没有留下什么深刻的印象,以后遇到类似的问题,还得去求人帮助。

依赖心理是一剂毒药,是阻碍一个人自立自强的最大绊脚石。之所以会时时处处想着依赖别人,原因有两个:一是源于自信心不强,在困难面前,总觉得凭自己的能力不够,久而久之,就低估了自己的能力。明明一些事情自己能轻松解决,但却担心自己做不好,认为求人帮助会更好,最后导致自信心的丧失。二是源于自身的惰性。做事情不想出力流汗,总想以较小的代价,甚至不付出任何代价就把事情做好,一遇到困难,想都不想就去寻找他人帮助。

事实上,在工作或生活中寻求他人帮助,并不是不可以,但也要把握一个度,在人生的起步阶段,由于自身能力不强或经验的欠缺,需要寻求他人帮助,学习他人身上优秀的品质和处理问题的思路,汲取经验,提升自身素质。当你羽翼丰满、翅膀硬朗的时候,就要独立去解决问题。可能刚开始你还不适应,畏难发愁,但只要你有信心能够做好,然后再发挥自己的才能与智慧,就一定能解决问题。独立解决问题,不但能使你得到真正的锻炼,还能培养起强大的自信心,再遇到问题或困难,就会积极地去面对,而不是首先想寻求他人帮助!

当你相信自己并努力做时,往往能激发起身上的潜能,做出让自己感到惊讶的成绩来。而那些不自信的人,根本就认识不到自己身上的潜能,更不会去挖掘自身的潜能,只能靠求助于他人浑浑噩噩度日,永远不会成功。

天上下雨地下滑,自己跌倒自己爬。不论思考还是为人,需要的是自助自立精神,而不是来自他人的影响力,也不能依赖他人。爱默生说,坐在舒适软垫上的人容易睡去。依靠他人,觉得总会有人为我们做任何事,所以不必努力,这种想法就像高纯度海洛因,会使你在不知不觉中上瘾,最后自我毁灭。依靠他人有时也会上瘾的,它对发挥自助自立和艰苦奋斗精神是致命的抹杀。每一个人都必须养成遇事求自己,靠自己的能力去解决问题的习惯，切莫事事求人。求人不如求自己，如果你事事求人，就会不自觉地使惰性在自己身上扎下根来，并产生不自信的心理，自然不会靠挖掘自身潜能、发挥自己的聪明才智去做事，又怎么能够成功呢？

28 学会倾听

亿万富翁富卡曾说："上帝给了我们两只耳朵，却只给了我们一张嘴是有原因的——我们应该听得比说得多。"

那些喜欢夸夸其谈而不愿倾听的人，往往不能理解他人，也不能被他人所理解，还会给自身惹来麻烦。所谓祸从口出，说的正是这个道理。而那些善于倾听的人，往往也是善于沟通的人，他们能够理解别人，并赢得别人的理解，从而成为受欢迎的人。

倾听是一门艺术，真正的倾听能够理解别人的观点。你可以通过倾听找到别人的视角和立场，能够以他们看世界的方法来看世界，理解他们的思维模式，了解他们的感受和态度。

真正的倾听不仅仅是要记住、反映，更要理解对方所说的话。研究交流问题的专家认为，我们所进行的交流只有10%是靠我们说的话来体现的，有30%通过我们的语调来体现，还有60%是由我们的肢体语言来表现的。在倾听的过程中，你不仅要用耳朵来听，更重要的是，还要用眼睛和心灵来听。你要听出对方的感情、态度。不仅用你的左脑，而且还要用你的右脑，你得学会觉察、直觉和感觉。

美国南北战争期间，林肯在最艰难的时刻，写信给他在普林菲尔德的朋友利奥纳德·斯维特,要他立即赶往华盛顿,有要事相商。斯维特接信后立即赶往白宫,林肯向他讲了很多关于支持和反对政府废奴声明的争论,接着朗读了一些信件和报刊文章,其中大多数是咒骂林肯解放奴隶的。林肯情绪很激动,他不停地问:“利奥纳德,你觉得废除奴隶制是错误

的吗?为什么阻力这么大!”谈话一直进行到傍晚,斯维特只是倾听着,一句话也不说,最后他站起身来,同林肯握了握手就走了。

后来斯维特回忆说:“当时我从中听出林肯其实并不是想听我发表什么意见,他只是想宣泄一下,理清自己的思绪。看得出,会谈结束后,他的心情似乎舒畅了一些。”

无论在工作还是生活中,你也会经常碰到很多这样的情形,当你本着

理解的目的真正倾听后就会发现,虽然表面上对方表示要听取你的意见,而实际上他只是需要你倾听他的话就足够了,至于解决的办法,他自然会自己做出选择。如果你不得要领,贸然进言,就会搞得对方很不愉快,甚至还会引起对方的反感。

在你真正学会倾听后往往会发现,你不但从倾听中理解了别人,还从倾听中学到了很多东西。因为每个人都有特长,只要你认真倾听,往往能发现许多你陌生而又渴望拥有的知识从而储存进你的信息库。

很多人擅长侃侃而谈,并以此为荣。不错,在很多时候,这些人奔放的思想、精彩的言辞烘托了交际氛围,使大家能交融在一起,彼此很高兴、友善地交流沟通。但对这些人来说,却得不到对你有用的信息。这样的方式只使你付出,却无法收获什么。所以,要想成为一名优秀的谈话家,让人觉得你是一个受过教育的人,那就要学会做一个真正懂得倾听的人。

下面是一些倾听的原则,你可以试着去做:

1. 切勿突然打断别人的讲话

在倾听别人说话时,无论你有多么好的建议,或者对方出现了多么大的失误,你都要等对方把话讲完,这是尊重对方的表现。如果你突然打断别人的讲话,就会成为不受欢迎的人。

2. 切勿匆忙下结论

应该在听清别人完整的意见后再做出反应,即使对方停下来,也并不代表他已经说完了,所以不要匆忙给对方下断语,那样也会得罪对方。

3. 对事不对人

对方说话的态度也许会令你反感,但你应注意的是对方说话的内容。所以,在对方的态度不佳时,你要控制自己的情绪,认真去倾听。

倾听别人的谈话,我们可以获取许多有用的信息,分享他们的知识和经验,为我们的思考提供帮助。只要你按照以上几点去做,就会让自己在倾听的过程中避免尴尬和被动的局面,从而更好地理解他人的想法,并获得他人的理解,把握住成功的机会。

29　拥有平常心,看开不平事

评价一份工作的好坏,在工作岗位上愉快与否是至关重要的一项指标。没有好的心情,很难谈得上工作效率与成绩,整天的烦恼就让你受不了了。这种观点早已得到专家的广泛认同。

现实中总有这么一种人,不管占多大便宜都不会脸红,而吃一点亏就无法忍受。这样的人的快乐不会长久,他总会因为得不到便宜而苦恼,阳光怎么会总照在他一个人身上呢? 而且,这种人快乐了,别人就不会快乐,为什么? 因为反感这样的人。日出日落,潮涨潮退,快乐和不快乐也是可以相互转换的。真正的快乐是以开阔的胸襟为前提的,当你的心胸开阔到能容得下天地山川的时候,你还会有不快乐吗?

"无道人之短,无说己之长。施人慎勿念,受施慎勿忘。"如果在与人交往、工作、生活中都能保持心理平衡,保持平静心态,快乐便不会离开你的左右。谨记:快乐不是靠别人施舍的,是自己给自己的,关键看你怎样去看待现实。

在现实生活中,你常自认为做到怎样才为最好、最恰当,但常常事与愿违,使你手足无措。因为你所谓的标准未必是社会和大家的标准。你必须明白:目前你所拥有的,都是最好的安排,无论顺境还是逆境。这不是宿命观,是现实。什么事情都没有十全十美的。马斯洛曾说:心若改变,你的态度跟着改变;态度改变,你的习惯跟着改变;习惯改变,你的性格跟着改变;性格改变,你的人生跟着改变。

如果你能拥有一颗平常心,时刻保持积极乐观的态度,跳出世俗的圈子看问题,那些不快、苦难就能给你带来意外的生存发展的机会,带你进入一个新天地。

相传,一头驴不小心掉进路边的一眼枯井里。主人想方设法去救驴子,但没有成功。无奈,主人只得放弃。不过主人不忍心看到驴痛苦的样子,便请人来帮忙,一起将井中的驴子埋了,以免除它的痛苦。

当人们开始往枯井中填泥土时,这头驴似乎意识到自己的悲惨处境,不断地哀号。出人意料的是,过了一会儿,这头驴就一点声音都没有了。主人以为它死了,探头往井底一看,眼前的情景令他惊诧不已:当落在井里的泥土撒向驴的背部时,驴却将泥土抖落在一旁,然后站到落下的泥土堆上面。就这样,驴将人们倒在它身上的泥土抖落在井底,然后再站上去。

很快,这头驴便随着泥土的增高而上升到井口,在众目睽睽之下快步地跑开了。

在工作和生活中,有时候我们难免会像那头驴子一样莫名其妙地陷入一个枯井里,也会有各式各样的泥沙倾压在身上。要想走出"枯井",

最好的办法就是像那头驴一样，将所有泥沙抖落掉，然后站到上面去。

在工作中你会遭遇种种困难、挫折——遭人误解、升职未果、做错事情等，然而，如果你换个角度看，它们也是一块块足以支持你不断上升的垫脚石。只要你不气馁，并将它们抖落掉，然后站到上面去，那么即使是掉落深谷山涧里，你也能安然地脱险。这正是人类改变命运的关键。在职业生涯中，如果你能以积极、沉稳的态度面对困境，奇迹往往就潜藏在困境中。一切都决定于你自己的态度和行动。

30 好口才赢得好机遇

说话，是人与人之间沟通的重要方式与管道。好的口才就是人成功的助推器，在人际交往中选择说一些得体的漂亮话，便可以在人际交往中左右逢源，游刃有余。

俗话说："一句话说得让人跳，一句话说得让人笑。"同样的目的，但表达方式不同，造成的后果也大不一样。在办公室里与同事们和上司交往都离不开语言，但是会不会说话，能不能把话说到点子上，还有能否很好地利用说话来达到自己的目的，都是语言上的学问。

不要轻视说话上存在的效率，如果在向上级汇报工作的时候，能既简洁又明了地把自己的具体工作汇报清楚，便可以节省许多上级和自己的时间，还会令上级觉得你是个办事效率高又会办事的人。

在公司开会时，也是一个很容易从说话上体现效率的方面。在开会的时候，首先要尽量做一个很好的倾听者。谁都知道只有听明白别人的发言，才能更有效地总结别人话中的利弊，轮到自己发言时才能够言中要害。不要利用开会的时间打盹或者和周围同事闲聊，那样只会分散注意力，等轮到自己发言时就摸不着头脑了。

与同事们相处的时候要注意得更多一些。首先，不要人云亦云，要学会发出自己的心音、有自己的主见。其次在办公室里有话要好好说，切忌把与人交谈当成辩论比赛。还有就是不要在办公室里当众炫耀自己，这样会让其他的同事产生反感。

这些都是说话能够提高效率、值得注意的方面。其次就是在说话的时候还要注意观察，才能把话说好、把事办好。

尼古拉算得上汽车销售行业里最懂得语言艺术的人了。他在 15 年里卖出了 10 万辆汽车，最多的一年竟卖了 1322 辆。他的成功应该归功于他有着很强的语言表达能力和敏锐的观察力。

有一次，一位中年女士走进了他工作的车行。尼古拉上前问那位女士有什么需要的时候，那位中年妇女对他说，她只是想在这儿随便看看打发一下时间。当尼古拉发现她一直围着一辆白色的汽车仔细地端详时，一眼就看出这位女士对白色的车情有独钟。尼古拉主动与她闲谈，那位中年女士也是很健谈的人，她告诉尼古拉其实她很想买一辆白色的福特车,她说每当她看到朋友那辆白色福特车时,就有一种说不出的喜欢。刚刚对面福特车行里的销售员对她说,白色的福特车暂时缺货,让她过两个小时再去,或许车行能把这个货缺补上,所以她就到尼古拉所在的车行打发时间了。

她还说,为了能买一辆白色的福特车,她已经准备了很长时间,之所以选定今天来买,是因为今天是她60岁的生日。她感慨地说:"半辈子了,今天一定要给自己一个生日礼物——一辆崭新的轿车!"

"生日快乐! 夫人。"尼古拉很快做出了反应,并且让她在车行里随便转,别拘束。然后尼古拉叫过旁边的接待员,对他吩咐了一番,又回来很诚恳地对那位中年女士说:"夫人,您喜欢白色车吧? 我带你去看一款很棒的白色轿车,它的性能和款式都是最棒的,或许您能喜欢!"

那位中年女士同意了,尼古拉带着她来到一辆白色雪佛莱轿车跟前。正在尼古拉讲解汽车性能时,接待员捧着一大束鲜花走了进来,将鲜花递到了尼古拉的手上。尼古拉很有礼貌地对那位中年女士说:"祝您长寿,尊敬的夫人。"

那位中年女士感动得眼泪几乎都要流出来了,她说:"自从我丈夫去世以后,已经很多年没有收到过鲜花了。"她毅然做出了决定,"刚才那位福特车行的销售员,一定是看我开了一辆旧车以为我买不起新车,当我刚进店他就以没有货为由把我打发掉了,其实他是怕我浪费他的时间。尼古拉先生,我真佩服你的观察力,一眼就看出我只是想买一辆白色的车。开始要买白色的福特车,仅是因为朋友买了一辆而已。现在看来不买福特车也可以,刚才你介绍的那款白色的车不错,我很满意,就买它了。"

最后她听取了尼古拉的建议买了一辆雪佛莱,并直接写了张支票,一次性付清了那辆车的全款。

其实,尼古拉在这次交易中没有什么特殊的销售技巧,只是在说话上抓住了那位中年女士的心,并能通过得体的语言和行动表现出来。

除此之外,我们还要注意的是说话的场合。即使公司里的领导和你私下里关系甚密,在工作的场合你也要把握好和他说话的分寸,否则会影响你们之间的关系。

31　衣着打扮要分清场合和身份

中国有句老理儿,叫“包子有肉不在褶上”。意思是不要以人的外表评价人,换句话就是不要以衣貌取人。可是,在现代职场上,千万不能忽视“衣貌识人”的力量,这在经济学上是最节省成本、最行之有效的一种判断方式,在社会学上更有其非遵循不悖的苦衷。没有令人足够信服的外表,又如何吸引别人探究你的能力呢?如果你是老板,会放心把一个拥有8位数预算的大客户交给一个衣服总是皱巴巴的下属打理吗?在一个大企业里,你能允许你的员工穿着随便地走来走去吗?

一个人的衣着打扮代表着他的职业与品位,职场中人必须牢记。

李小姐年初时跳槽到了一家规模相当大的日资企业,之前她在一家广告公司工作。春天来了,温暖的阳光普照大地,李小姐心情也很好,她脱掉了穿了一个冬天的灰暗衣服,穿上了一件低领小衫,一条颜色鲜艳的公主裙。她对自己今天的装扮很满意。但一进办公室,她的日本上司眼睛里就显出了诧异。她再看看办公室的同事们,一律的职业装,她想:“日本人怎么那么刻板呀!”下班的时候,她的那个有些秃顶的上司走到她的面前,提醒她:“李小姐,请注意您的身份。”

其实，李小姐也知道，不同的企业文化对员工的穿着打扮有不同的要求，但她觉得今天的穿着没有什么影响身份的，上司太小题大做了。她在原来的公司上班时，只要你有好的创意，好的设计，把自己的工作做好了，没人管你穿什么。如果一个男士天天西装革履，人家反而会认为他是个怪物！

李小姐要按照自己的意愿装扮自己，但公司的环境又不允许，她又打算跳槽了，到一家不那么严格的企业去上班。

衣着代表你的身份，而且是非常重要的身份。职场中人都有两种身份。第一种身份就是工作单位和职务，如“某某公司某某部门助理”或“某某公司销售部项目主管”等，也就是名片上标明的那种身份，这是看得见的。还有第二种身份，就是在与公司内外的人打交道时，在待人接物过程中表现出来的习惯和修养，这是修炼出来的。

职场人的第二种身份是无形的，但是，在职场上，它往往会比第一种身份更受人关注。比如，客户在与你打交道时，他自然会看你的第一种身份，他要看你是什么职务，负责什么业务，拥有多大权力，这样他也好采取适当的策略。与此同时，他会非常关注你的第二种身份，要看你说话有没有分寸，办事有没有原则，是否讲礼貌，是否守时重诺，等等。这些都涉及一个人的习惯和修养。如果你衣着不整,拉里邋遢,他会觉得你修养不够,就不会真正信任你,也不会做与你长期打交道的准备,更不会准备与你同舟共济,共同把事业做大。

所以,个人形象很重要。为什么一些外企不喜欢不修边幅的男士和喜欢标新立异的前卫女士?并不是这种不修边幅和标新立异很“丑”,而是担心这样的打扮会让上司和同事,包括你们公司的客人感到不习惯和不舒服,他们觉得你这种张扬的服饰是一种对别人的不尊重。特别是作为职场新人,穿得过于休闲或前卫,上司和前辈会觉得你不尊重他,没有教养。

进入职场了,千万不可小看了衣貌的力量。学生时代自由散漫的装束,已经不合适工作的需要了,那么就赶紧转型吧。

先去翻一翻衣柜,看看那些衣服是不是适合在办公场合穿着,如果太随意、太休闲了,那就需要再去搜罗新的职场化衣服。现在不少大商场里,有些品牌的衣服既有职业气息,又不乏休闲味道。简简单单地装备一套,大方、得体又舒服的服装会立刻让你有走上职场的感觉,会让你一下子进入工作状态。而像李小姐那样的打扮,只能是在工作之外欣赏了。

上班穿的鞋子,也是有讲究的。首先要注意与衣服的搭配,也跟上时尚的步伐。女鞋色彩丰富,款式风格简单时尚,爱美的女孩子可以挑上几双备用。男士的鞋子还是以大方舒适为主,千万记住鞋子的卫生,不要让上面落满灰尘 。

背着松松垮垮的休闲包,上了班好像会显得整个人没有精神,走进职场的新人们也该挑选一两个略显成熟的包包来点缀一下。男士拿着公文包会给人很职业的形象,女士的包包则不要太花哨了。个人的兴趣爱好也要服从工作需要。确立良好的个人形象的确不是那么容易的。

搭配好了衣服、鞋子和包包,基本的形象就确立了,再选择一些合适的饰品就锦上添花了。那些细致小巧、品质较高的饰品,会提升整个人的精干形象,学生时代喜欢的那种夸张、前卫的饰品,最好不要出现在办公室里。需要经常外出的上班族,可以将项链与首饰搭配成对,给人一种精致的印象。如果久坐办公室或长时间使用计算机,最好选择耳环及项链,因手部动作较多,佩戴戒指和手链容易影响灵活度。

说了这么多,你是不是有点不耐烦了呢?没办法,人在职场,身不由己,先打造好个人形象,你才在职场里有了安身的前提。如果连这个前提都没有,那还谈什么建功立业呢?

32 助人助己,互通有无

俗话说:“金无足赤,人无完人。”一个人,即使他才能再高,修养再好,也不可能达到十全十美的程度,也总有不及别人的地方。因此,就需要别人的帮助,虚心向他人请教。然而,很多人却自命清高,不肯低头,总觉得依赖他人,有一种被施舍的感觉,是对自己形象的损害。

事实上,这些人无非是缺少一种气度,也正因如此,他们自身的才能就很难得到更大幅度的提升,最终很难成就什么事业。

行为学家研究发现,大凡成功人士,都保持着谦逊的美德,能够以一种低姿态,虚心向他人学习请教,不断完善自己,提升自己,这往往使他们显得比别人更聪明,更有智慧和才华。

赵伟是一家公司市场营销部的业务员,最近心情特别烦,因为连着四个月的业绩评比表,他都排在萧萧之下,他很不服气,认为自己功夫下得不比萧萧少，资历也比萧萧深，怎么可能落在这个进公司还不到三年的小姑娘后面呢？尤其纳闷是，萧萧掌握的客户资源，竟然接近他的两倍。

赵伟百思不得其解，就想方设法进入了萧萧的电脑系统，查看她的客户分布，结果被萧萧发现，萧萧立即提出严重警告："再这样下去，别怪我不照顾你老前辈的面子啊！"两人的关系因此搞得很僵。

赵伟回想起萧萧的态度，心头豁然开朗：现在的年轻人性格直爽，只要我放得下架子，不耻下问，她一定能尽释前嫌，并把发展客户资源的技

巧告诉我。问题一想通，赵伟心头轻松多了，他特意邀请萧萧共进晚餐，诚恳地请教一些问题。这倒让萧萧不好意思了，她说："以前我对你的态度也有些过分，请多谅解。"然后谈了自己做营销的一些心得："其实也没什么，只不过是我看书多、上网多、领悟快、进步大一些而已。做营销，发展客户是一条路，而盘活老客户更重要，因为老客户感觉到你的诚信和友善，就会把自己的亲朋好友也拉拢为你的新客户。我特别准备了一个笔记本，记录客户的特殊情况，在细微处做文章，比如出差时看望他刚刚考入该地某个大学的孩子，比如送一份礼物给他的父母，替他挑一些鲜花带给老人家……我从不认为这是工作以外的事，相反，干这个工作就要有'功夫在诗外'的精神。我为每位老客户设立了生日档案，他们过生日，

我会亲自做一张精致的贺卡，并配上小礼物邮寄给他们。很多客户收到时都深受感动，特意打电话致谢……”

赵伟听了这些，恍然大悟，如梦初醒。在以后的工作中，他也用起了这几招，果然业绩迅速蹿升，与萧萧旗鼓相当了。更为可喜的是，他与萧萧也更团结了，合作起来也更愉快。

放低姿态，虚心求教，也要讲求方式方法，才不会被人断然拒绝，下面是一些可以派得上用场的诀窍：

1. 微笑，道“早安”，再寒暄一番；

2. 注意他所设计或完成的计划，写一份短函表达你对这项计划的事前规划、过程或结果的正面评价；

3. 请对方提供给你他所能提供的资料或建议；

4. 接近对方并向他表达你很欣赏他的计划和工作态度；

5. 请他人帮助；

6. 尊重对方的时间及工作态度，不要花掉对方太多的工作时间。

实际上，如果你乐意帮助他人，提携新人，你也会赢得他人的尊重，他人也会在将来适宜的时机报答你。这也是“将欲取之，必先予之”的道理。

歌星兰提斯成名之前，日子过得很窘困，不甘落魄的他，决定去芝加哥找著名歌星兼制作人白兰度先生，希望能够获得白兰度先生的提携。

他赶到芝加哥，好不容易找到白兰度先生的唱片公司，但是白兰度先生的秘书告诉他，白兰度先生为了参加晚上的酒会，今天下午不来公司了。兰提斯又赶到那家举行酒会的酒店，但是门僮不让他进，因为他没有请柬。好不容易等到酒会结束，白兰度先生走出酒店，却径直钻进自己的轿车，驱车就要走。兰提斯着急地冲到车前，白兰度先生一个急刹车，差点撞到兰提斯身上。

白兰度先生气冲冲地钻出轿车，脸都涨红了。

“我是一个歌手。”兰提斯不知道该说什么好,“我想请您帮助。”

白兰度先生的情绪渐渐平稳下来。

“那你唱几句我听听。”

兰提斯强忍住内心的激动,唱了一首白兰度先生的歌,还没唱完,就被白兰度先生打断了。

“小伙子,你唱得真是太好了。我当年唱这首歌的时候,还没你唱得好。”白兰度先生由衷地赞叹。

从此,兰提斯成了白兰度先生唱片公司的签约歌手。在白兰度先生的倾心栽培下,兰提斯的技艺获得了突飞猛进的提升,成为家喻户晓的超级歌星。

后来,白兰度先生投资失误,致使唱片公司岌岌可危。这时,有很多著名的唱片公司找兰提斯签约,但是都被他拒绝了。

兰提斯与白兰度先生一起策划了一个全国巡回演出,取得了巨大的成功,挽救了白兰度先生的唱片公司,也挽救了白兰度先生的事业。

帮助别人就是帮助自己。千万不要吝啬自己的爱心,向那些身处困境的人伸出你的援助之手,只有给别人依赖的机会,别人才会给你依赖的机会。

依赖他人和给他人依赖的机会都是一种大气度。向别人求助或许会破坏你的“英雄”形象,给别人援助之手或许会使你不够“酷”,不够“另类”,但这种气度却能够使你学到更多东西,从而更快地提升自己的能力,推动你的事业更好地发展。

33 敢于冒险，勇敢者的自我较量

要有冒天下之大不韪的勇气，简言之，就是要有冒险精神，冒险精神不是探险行动，但探险家的行动必须拥有足够的冒险精神。

一说到冒险精神，人们就会联想到发现美洲新大陆的哥伦布。

哥伦布年轻的时候，曾经过着海盗生活，这不是值得惊奇的事。因为当年一些家庭，都愿意把孩子送到海盗船上去工作，使孩子可以增长一点见闻，尝尝人生磨难，而且还可以多赚一点钱。在他们看来，这种事情不被官方捉住，也就无所谓羞耻与卑贱，要是不幸被逮着了，也只好自叹命运不济了。哥伦布还在求学的时候，偶然读到一本毕达哥拉斯的著作，知道地球是圆的，他就牢记在脑子里。经过很长时间的思索和研究后，他大胆地提出，如果地球真是圆的，他便可以经过极短的路程到达印度了。自然，许多有常识的大学教授和哲学家们都耻笑他的意见；因为，他想向西方行驶而到达东方的印度，岂不是傻人说梦话吗？他们告诉他：

地球不是圆的，而是平的，然后又警告道，他要是一直向西航行，他的船将驶到地球的边缘而掉下去……这不是等于走上自杀之路吗？

然而，哥伦布对这个问题很有自信，只可惜他家境贫寒没有钱让他去实现这个冒险的理想，他想从别人那儿得到一点钱，助他成功，但一连空等了 17 年，还是失望，所以，他决定不再向这个“理想”努力了。因为使他忧虑和失望的事情太多了，竟使他的红头发也完全变白了——虽然当时他还不到 50 岁。

灰心的哥伦布，这时只想进西班牙的修道院，度过后半生。正在这时候，罗马教皇却怂恿西班牙皇后伊莎贝拉帮助哥伦布。教皇先送了65元给哥伦布，算是路费；但他自觉衣服过于褴褛，便以这些钱买了一套新装和一匹驴子，然后启程去见伊莎贝拉，沿途穷得竟以乞讨糊口。

伊莎贝拉赞赏他的理想，并答应赐给他船只，让他去从事这项冒险事业。为难的是，水手们都怕死，没人愿意跟随他走，于是哥伦布鼓起勇气跑到海滨，捉住了几位水手，先向他们哀求，接着是劝告，最后用恫吓手段逼迫他们去。一方面他又请求女皇释放了狱中的死囚，允许他们如果冒险成功，就可以免罪恢复自由。一切都准备妥当。

1492年8月，哥伦布率领三艘船，开始了一个划时代的航行。刚航行几天，就有两艘船破了，接着又在几百平方千米的海藻中陷入了进退两

难的险境。他亲自拨开海藻，才得以继续航行。在浩瀚无垠的大西洋中航行了六七十天，也不见大陆的踪影，水手们都失望了，他们要求返航，否则就要把哥伦布杀死。哥伦布兼用鼓励和高压两手，总算说服了船员。

也是天无绝人之路，在继续前进中，哥伦布忽然看见有一群飞鸟向西南方向飞去，他立即命令船队改变航向，紧跟这群飞鸟。因为他知道海鸟总是飞向有食物和适于它们生活的地方，所以他预料到附近可能有陆地。

果然很快发现了美洲新大陆。

当他们返回欧洲报喜的时候，又遇上了四天四夜的大风暴，船只面临沉没的危险。在十分危急的时候，他想到的是如何使世界知道他的新发现，于是，他将航行中所见到的一切写在羊皮纸上，用腊布密封后放在桶内准备在船毁人亡后，使自己的发现能够留在人间。

哥伦布一行很幸运，最终脱离了危险，胜利返航了。无须赘言，哥伦布如果没有不怕困难、不怕牺牲、勇往直前的冒险精神，"新大陆"能被早日发现吗？

哥伦布的探险成功了。

可惜，哥伦布至死都不知道自己发现的是美洲新大陆，他还以为，自己只不过是发现了一条到达印度的新航路而已，所以把美洲红皮肤的土人，也称呼为"印度"。

哥伦布那种无畏、勇敢和百折不回的精神，真值得我们学习。当水手们畏惧退缩的时候，只有他还要勇往直前；当水手们"恼羞成怒"警告他再不折回，便要叛变杀了他时，他的答复还是那一句话："前进啊！前进啊！前进啊！"

通常情况下，我们不会像哥伦布那样，去做毫无保障后果的事情，我们只是希望得到上帝的呵护和命运的安排，我们常常怀疑自己判断。我们热衷于自己安逸的生活，讨厌变化不定。然而，我们的疑虑来源于那些不相干的生活经历。如果在童年时，一连三个夏天你都没有做成柠檬汁，这并不意味着你现在不能成功地经营自己的企业。如果怀疑自己的能力，请记住剧作家尼尔·西蒙说过的话："如果没人敢于冒险，米开朗琪罗就只会在罗马教皇的小礼拜堂的地板上作画。"

对一个奉献自己的人来讲，生活是一种光荣的冒险事业。一早从床上跳下来就充满着战斗力，面对可能使你沮丧的人或环境，那你是走在胜利的路上了。因为只要你肯于对问题采取积极的态度,你的问题就已经解决了一半。只要你使出更大的心力,胜利就会提早来临。

世上没有万无一失的成功之路,动态的命运总带有很大的随机性,各要素往往变幻莫测,难以捉摸。

一个人只有将准确的判断力和大胆的冒险之心结合起来,才能取得成功。两者缺一,都不能取得胜利。如果一个人只有冒险精神,而没有良好的判断力,就只能说是鲁莽,而鲁莽是不可能取胜的。如果他有良好的判断力,但是不愿意去冒险,不敢承担风险,那么他的成功最多也只能是想象中的成功。

如果你总是要等到事情十拿九稳的时候才做出决定,那么你就有可能永远停滞不前。有风险总是难免的,聪明的人会时常注意观察这种意外的不幸,并且想方设法去预防它们的发生。沃纳梅克说过:“总想着要等到资本积蓄够了才去做生意的人,肯定做不出什么大生意来的。”

没错,天上不会掉馅饼。我们想要的东西必须靠自己的勇气和努力来争取。而这恰恰需要我们去冒险,冒险就是一种较量。它的要点是:训练自己的勇气,直到你能感到一种坚定的自信为止。

34　把握人脉关系,助推你顺利前行

哈佛大学商学院曾经做过一个调查发现,在事业有成的人士中,26%靠工作能力,5%靠关系,而人际关系好占了69%。

可见,要想成为出类拔萃的顶尖人才,并不仅仅靠提升你的才能,更

重要的是拓展你的人脉，提升你的人脉竞争力，只有这样，你才能够脱颖而出，取得事业的成功。

相对于专业知识的竞争力，一个人在人际关系、人脉网络上的优势，就是人脉竞争力。哈佛大学为了解人际能力对一个人成就所扮演的角色，曾经针对贝尔实验室的顶尖研究员作过调查。他们发现，被大家认同的专业人才，专业能力往往不是重点，关键在于“顶尖人才会采取不同的人脉策略，这些人会多花时间与那些在关键时刻可能对自己有帮助的人培养良好关系，在面临问题或危机时便容易化险为夷”。他们还发现，当一名表现平平的实验员遇到棘手问题时，会去请教专家，却往往因没有回音而白白浪费时间；而顶尖人才则很少碰到这种问题，因为他们在平时就建立了丰富的资源网，一旦前往请教，立刻便能得到答案。

在台湾证券投资领域，杨耀宇可是个知名人士，他将人脉竞争力发挥到了极致。他曾是统一集团的副总，退出后为朋友担任财务顾问，并兼任五家电子公司的董事。根据推算，他的身家应该有 5 亿元台币之高。为什么一个不起眼的乡下小孩到台北打拼能快速积累这么多财富？杨耀宇自己解释说：“有时候，一个电话抵得上十份研究报告。我的人脉网络遍及各个领域，上千万条，数也数不清。”

而如果不注意建立自己的人脉关系，你可能就会处于一种劳而无功的境地。

晶晶大学毕业后进入了一家公司工作，她执著地认为只要自己努力工作，展现出超人的工作能力，就一定能够做出一番事业来，获得重用并步步高升。可是一年过去了，晶晶虽表现出了出色的工作能力，但调薪比例很低，并不比那些表现一般的同事高，职位也没有得到晋升。晶晶很不服气，工作起来更加努力了。她认为总有一天上司会看到她的能力与才华，成功之日也离她不远了。

但是，又一年过去了，晶晶还是在原地停留。而与她同时进公司的同事却都已经是独当一面的主管了，薪水也比晶晶高出许多。晶晶终于忍不住，向公司里唯一与她要好的同事抱怨自己怀才不遇。然而，同事却很直接地告诉她一个令她感到震惊的原因，就是晶晶虽然工作非常出色，但与同事的关系没处好，所以一直没有受到重用。工作细心、处事粗心的晶晶，怎么也没想到自己两年来，只做了别人26%的工作，也难怪老是在不重要的职位上停留。

如果你已经认识到人脉对于一个人成功的重要性，那就从现在开始，精心建立你的人脉网络吧。值得注意的是，成功建立关系网的关键是选择合适的人建立稳固的关系。因为人的精力是有限的，在建立关系网时，不要盲目建立，否则会使你整天为应付一些无关紧要的关系而叫苦连天。

1. 要结成一张高效的关系网，先得进行筛选

把与自己的生活范围有直接关系和间接关系的人记在一个本子上，把没有什么关系的记在另一个本子上，选择对自己有帮助的人时，必须放下关系网中的额外包袱。当然，你们还是朋友，只是不必浪费时间维系这种老关系。

2. 分析关系网中的人

列出哪些人是最重要的，哪些人是比较重要的，哪些人是次要的。这要根据自己的需要来定。你自然会明白，哪些关系需要重点维护，哪些关系只需要保持一般联系，从而决定自己的交际策略。

3. 对关系进行分类

生活中一时有难，需要求助于人的事情很多，你会需要各方面的帮助，只从某一方面获得的情况很少。

一般来说，良好、稳定的人际关系的核心必须由10个左右你所信赖的人组成。这首选的10人可以是你的朋友，或在事业上与你紧密联系的人。为什么将人数限定为10人呢？因为这种牢不可破的关系网需要你一个月至少维护一次，10人就足以用尽你所有的时间。

4. 保持联系是建立成功关系网络的一个重要条件

“关系”就像一把刀，常磨才不会生锈。若是半年以上不联系，你就可能失去这位朋友了，所以不要与朋友失去联络，等到有麻烦时才想到别人。

5. 必要的“感情投资”，能使你的关系网更加牢固

记下与关系网中的人有关的一些很重要的日子，比如生日或结婚纪念日等，在这些特别的日子里，哪怕只给他们打个电话，他们也会高兴万分。

当他们升迁的时候，向他们表示祝贺；当他们处于低谷时，向他们表示慰问，并主动提供帮助。当你的商务旅行地点与哪一个关系成员接近时，你可以与他共进晚餐。当他们向你发出邀请时，不论是升职派对，还是他儿女的婚礼，都要郑重其事地参加。

在好莱坞，流行一句话：“一个人能否成功，不在于你知道什么，而在于你认识谁。”不要以为自己拥有卓越的才能就能获得成功，学着去建立自己的人脉网络吧。只有建立起了人脉网络，你才能够享受到人脉给你

带来的好处，那时你才会深刻认识到，一般人才与顶尖人才的真正区别在于人脉，而非仅仅是才学和能力。

35　没有一副好牌，就要打好坏牌

日本“推销之神”原一平身高只有145厘米，是一个典型的矮个子，他曾为此懊恼，甚至绝望过。作为一名推销员，谁不希望自己有一副好的形象呢！那些身材魁梧的人，颜面漂亮的人，肯定在访问别人时容易取得对方的好感，而身材矮小，往往不受重视，甚至遭人蔑视，在访问别人时容易吃亏。

但是，推销能否成功的关键并不在于一个人的外貌形象，更关键的是引起对方的注意，抓住对方的心。想通了以后，原一平决定以表情取胜。他独特的矮小身材，配上他刻意制造的表情，经常逗得客户哈哈大笑。再加上他善于琢磨人的心理，摸索出了许多与人交往的技巧，终于成为推销领域的佼佼者。

因此，当你自身条件差时，不要自卑，更不要消沉，没有一副好牌可打时，打好坏牌，照样可以取得成功。

踏入职场后，你有时会发现，自己所进的公司与从事的工作比原来想象的差，原本是要打一副好牌的，没想到摆在面前的却是一副坏牌，这时候你就容易产生跳槽的想法。事实上，与其跳槽，还不如留下来打好这副坏牌，这往往更能锻炼你的能力，为你将来成就一番事业打下扎实的基础。

当你拿到的是一副坏牌时，一定要保持积极的心态。积极的心态有助于你改变对公司和工作这一既定事实的看法，从消极、失望、悲观的情绪中解脱出来，从而产生“既然是一副坏牌，那就努力打好坏牌”的想法，树立正确的工作态度，正视现实，远离名利，扎扎实实做好每一项工作。

你必须认真工作，锻炼自己，提升自己。一副坏牌，要打好它，更需要能力。虽然起点低，要付出更多的努力，但这却能使你得到更好的锻炼。假如，你进的是一家没有名气的小公司，规章制度不规范，工作程序还没理顺，你在修订制度和理顺程序的过程中，往往会把一个公司创业的基础工作都学会，这对你以后独立创业会有很大的帮助。而如果你到了一个各方面都非常规范的大公司，表面上看好像是好牌，实际上却奇差无比，因为在这里你要做的只是遵守规章制度，这样你的工作看上去也就失去了创新。

每个人都具有成功的机会，胆略并不只是加诸在先天条件优厚者身上才大放光芒。

NBA 历史上身高最矮的队员仅有 160 厘米。他做出进 NBA 打球的决定并发出狂言要做 NBA 最著名的后卫时，别人都以为他在开玩笑，有人甚至认为他疯了。他之所以口出狂言，一是源于对篮球运动的热爱，二是发现自己虽然矮小。在长人如林的篮球场上，个子矮小其实也有不少的优势。个子矮，虽然打不了中锋、前锋，但却可以成为一名出色的后卫。因为个子矮小，更加灵活，往往会在激烈的拼抢中占据主动，经常偷袭断球成功；个子矮小，重心低，运球低，那些高个子要伸手断球就显得非常吃力，即使偷袭，也往往劳而无功。果然，他发挥出这些优势，再加上准确的投篮和助攻，尤其是他偶尔在场上突破高人防守勾手上篮的成功，更显出了他超群的技艺，最终成为篮球明星，受到了观众的喜爱。

我们要明白，人生的成功不在于你拿了一副好牌，而在于打好坏牌。俗话说，人生无常。正如一首歌中所唱：你看，你看，月亮的脸偷偷地在改变。世事变幻和你情势的改变，有可能使你持有的一副好牌变成了坏牌，但这并不意味着你必败无疑。只要你拥有打好坏牌的决心和信心，就能突破重围，使问题迎刃而解，并最终获得成功。

36　汲取失败的教训，快步走向成功

每个人的一生都会遇到许多困难和挫折，当你面对挫折和打击的时候，是以积极的态度去解决突破，抑或另辟蹊径继续前进，还是选择逃避后退、一蹶不振，甚至自我毁灭，都取决于你的态度。不同态度的人所做出的选择也不同。成功的人会在失败中发现更好的前进方式，而失败的人会在失败后找到充足的理由或借口。

有一个巨人总是欺负村里的孩子。一天，一个 17 岁的牧羊男孩来看

望他的兄弟姐妹。他问他们:“为什么你们不起来和巨人作战呢?”他的兄弟们吓坏了,回答说:“难道你没看见他那么大,是很难被打倒的吗?”

但这个男孩却说:“不,他不是太大打不了,而是太大逃不了。”后来,这个男孩根据巨人这一特点,用投石器杀死了巨人。

每个人在潜意识里都是惧怕未知的。当我们被要求去做一件以前从未做过的事,比如独自一人去一个完全陌生的城市旅行,或者在一个星期内把原本要一个月才能做完的工作完成,我们就会打退堂鼓:“我做不到,那是不可能实现的,除非我有毛病,否则我不会那样的。”

不给自己尝试的机会是很多人之所以平庸的重要原因。积极地挑战未知实际上是一个人成长和走向成熟的关键。在探索未知的过程中,你可以学到很多有用的知识,积累起宝贵的人生经验,而这些都是一个人得以在社会上立足和不断成长的资本。当一个人态度消极,把自己定义为一个失败者并不再反思和改变的时候,他就不可能获得成功。一个人要想获得真正的成功,就必须树立起正确的态度,理智地看待失败,并为接受未来可能的失败做好心理准备和力量储备。

不尝试未知就不可能找到真正适合自己的位置。很多人因为习惯了一个领域就把自己的生涯规划局限在这个领域里,这是很愚蠢的做法。

要想避免给自己定错了位，就必须尽可能地尝试进入一些未知的领域，这样你才可能找到适合自己发展的位置，充分发挥自己的才能，叩开成功之门。

一位年轻人从父亲手中接管了珠宝行。他的父亲是一位相当出色的鉴定大师，也很有商业头脑，他接手时，珠宝行已经小有名气，并有多家分店。年轻人以为凭借着父亲的遗传和从小的耳濡目染，打理珠宝生意应该是走向成功的捷径。可后来由于多次投资失误——他看好并花大价钱购进的珠宝总得不到顾客的欢迎——最终珠宝店的生意每况愈下，最后他决定卖掉珠宝店。他分析了自己失败的原因，认为自己的鉴定能力太差了，而且珠宝占用的资金也太多，风险太大，最后他决定开一家服装店。一年之后，他又失败了，因为他的店里的衣服样式总跟不上潮流。盘掉服装店之后，他又接连尝试了饭店、印刷厂、造纸厂等，但也都无一例外地失败了。

一次次尝试和一次次失败之后，他已经到了垂暮之年。盘点了自己的所有财产之后，他发现自己所拥有的钱只够到郊外买一块墓地。第二天，他便选好了一块作为自己死后的居所。

就在他办好土地所有权手续的第五天，奇迹发生了，他所在的城市公布了即将建设环城公路的决定。他买下的墓地正处于环城公路的一个出口处，地价迅速飙升，很快就翻了10倍。他把那块土地出手后又低价买进了几块在他看来很有潜力的土地，没过多久这些土地又开始升值。尝试了那么多领域的他，终于在垂暮之年找到了最适合自己的位置，没过几年就成了城里最大的地产商。

只有经过比较才能知道什么是最适合自己的。所以多尝试一些新事物，多进入一些新领域，这样不仅能够扩大你的知识面，还有可能找到更适合你的成功途径。

真正的智者总是积极主动地向未知发起进攻。其实，要想具备挑战未知的勇气并不困难，只需从小事做起，比如尝试新的工作方法或者用新的思维方式解决问题、强迫自己去完成看似不可能完成的任务等。从小事中培养自己的果敢和勇气，再遇到大事就不会退缩，进而就可以积极主动地向未知发起挑战了。

探索未知不可避免地会遭遇失败，实际上失败并不可怕，可怕的是被失败打倒。只有具备坚强的韧性，敢于挑战、敢于失败，才有资格享受成功。没遭受过失败并不是一件值得炫耀的事，相反却是一种悲哀。如果你坐着不动的确可以避免失败，那么也失去了成功的机会。

正确看待失败，就是要我们以正确的态度去面对现在和未来的失败。把失败看作是一种提升的方式，一种进步的途径，一种学习知识、锻炼能力、积累经验、凝聚智慧、开发潜能的过程，利用它，而不是惧怕它。事实上，当一个人的态度变得消极的时候，他的失败就成为一种必然。而如果他在失败之后仍不能树立起正确的态度，那么他永远都不可能获得成功，因为他没有成功的基础。

37 思而后行，重在行动

凡事三思固然重要，但比三思更重要的是立即付诸行动，只有这样，才会让行动的火花照亮你的前程。

爱默生曾说："敢于去做，你就会拥有力量。"当你为自己确立了一个具体的目标，明确了应付的努力，而且制定了要达到的目标期限时，一切都经过了深思熟虑，都做好了准备，这时你所需要的就是“立刻着手行动”。实践才是检验真理的唯一标准，我们必须清楚明白地知道自己应该做什么，应该怎么做，应该对谁做。成功没有捷径，只有付出行动这一条路。那些只懂得理论的人，那些在别人面前滔滔不绝，光说不做的人，只会遭到人们的鄙夷，没有人愿意与这样的人交往。而那些敢作敢为的人往往能成为成功者，变成社会精英。

一旦你确定了要干什么，就要立即行动起来，这样才能实现自己预定的目标。凯特林雷曾这样说：“如果你光说不动，自然不会伤到脚趾，你走得越快，伤到脚趾的可能性越大，但是同样的，你能否达到某个境界的机会也就越大。”

千万别陷入准备工作的泥沼里头。那些专门等待“万事俱备”的人，任何时候都做不出什么像样的事来，因为只有自信不足的人，才会拿“还在准备”当挡箭牌，要知道，根本没有什么万事俱备的时候，许多看似尚未准备好的工作，一旦你立即行动，就会发现那些并不完善的地方根本不会影响工作的进展。那些表面上很可怕的困难，实际上不值一提。所以，当你决定要做某件事时，就应立即着手行动，切勿被踌躇的恶魔所俘虏！开始行动的绝好机会就是现在！

罗斯福告诫人们说：“采取行动，保持有序的步骤，不要浪费你的时间，不论身在何处，都要积极行动去创造，找到自己的定位，成就自己的伟大事业。简单一句话，这一切的一切都要你采取行动才能够办到。”

有些人之所以不能立即采取行动，是因为他们身上有拖延的惰性，他们总是把应做的事推到以后再做，并对此感到很正常。塞德是一家公司的部门经理，他想为公司写一本企业管理方面的书，想借此提升整个公司的管理水平。他的想法得到了公司董事长的赞扬和支持，况且他的管理经验非常丰富，文笔也很生动，知道的人都觉得，这个写作计划肯定会为他赢得很大的名誉与财富。

5 年后，一位朋友同塞德闲聊时，无意间提到那本书："塞德，你的那本书是不是已经大功告成了？"不料，塞德竟满脸愧色地说："老天爷，我根本就没写！"

见朋友一脸狐疑，塞德急忙解释说："我实在太忙了，一直想写，却总抽不出时间来。"

多么可怕的习惯，他的朋友也明白了为什么塞德 5 年来一直没有晋升的原因。

实际上，如果你把浪费在拖沓上的精力和时间用来处理手头上的工作，往往绰绰有余。而且许多事情你若立即去做，就会感到快乐、有趣，并加大成功的几率，一旦延迟几个星期去做，不但辛苦加深，还会失去原有的乐趣。比如，当某个新奇的创意闪电般出现在你的脑海时，你在那一刹那迅速执笔，把创意记下来，必定会有意外收获。如果过了一段时间，再去想那个创意，可能已经模糊，甚至完全消失了。

凡事三思是个好习惯，但三思之后立即付诸行动更加可贵。如果你只把希望挂在嘴上而不是行动上，你只会沉浸在那些美好的幻想里，最终将一事无成。

38 珍惜声誉，打造不一样的自我

一个成功者的境界往往是“不识其人，单闻其名”，或者“久闻大名，如雷贯耳”，这不仅是一个人非凡的人格魅力，从一定意义上来讲，这个人已经具备了自己的个人品牌。

在市场经济之下，名字已经可以更多地表现出经济层面的含义。有时候，选择一个企业合作往往是因为一个如雷贯耳的名字。

古人云“雁过留声，人过留名”，在这样一个市场经济社会中，名声更是重要的社会资本。把名字变成品牌，是成功者的一个重要标准。

个人品牌和产品品牌一样，都会令人们产生信赖感，你会担心刚买的运动背包因为一次长途旅行而磨损得不能再用吗？同样的，你会担心公司里的电脑高手解决不了你的电脑出现的小毛病吗？不会，当我们在某一方面具有相当高的技能的时候，我们就会赢得别人的信赖，在别人眼中就会变得不可替代。

实际上你完全没必要让那些与你素不相识，对你的生活和事业完全无关的人认识你、懂得你、记住你，你只需要在能够影响你一生的领域内出名就可以了。比如你所在的部门里、你所在的公司里，再比如你所在的行业里等。当然，这需要一个过程，你得先成为部门里不可替代的人，然后才能在公司内出名，最后才会得到行业内人士的认同，成为他们眼中的“名牌”。此外，出名必须是出好名。如果是坏名、恶名，那只会降低你成功的可能性。

很多人把打造个人品牌简单地等同于提高工作能力，实际上并非如此,很多相当能干、具有非常高的专业水平的人一生都遭人忽略。卓越的工作能力只是个人品牌的一部分,要想打造出成功的个人品牌还须从以下几个方面努力:

1. 要保护好你的个性

我们应该承认,自己的能力跟我们的同事大致是一样的。客观地说,没有哪个人明显好过其他人,仅凭工作能力并不能带给我们差异性,而个人品牌的树立却必须以此为基础。于是你会有这样的问题:我怎样才能有别于其他人呢?答案是利用你的个性,人与人之间具有的最大差异非个性莫属。所以,保护好你的个性是建立个人品牌的基础。

2. 明确自己的核心价值

本田公司只在发动机领域具有核心竞争力,如果你让它设计服装恐怕就会栽大跟头。每个人都有自己擅长的领域,也有薄弱的环节。这就要求你在打造个人品牌的时候要明确自己的核心价值,找出自己擅长的领域。

3. 注意宣传个人品牌

品牌只有为公众所知才得以建立,这就要注意个人品牌的宣传。个人品牌当然不能像产品品牌一样做个电视广告或发个新闻报道来宣传。个人品牌的宣传一般通过直接接触和口头传播,这就要求你注意自身的形象和包装。品牌需要你的包装烘托,恰到好处的包装能够让人充分认识你的价值,赢得别人的好感和信任。除了自身形象要得体之外,还要学会表达自己。一声不响的人并不会显得价值低下,但却失去了使自己的个人品牌升值的机会。如果可口可乐只被很少的几个人知道,它会具有如此巨大的商业价值吗?不会。同样的,个人品牌只有让更多的人所知道,才会产生神奇的效果。

4. 完善自己的品格

品格是使个人品牌持久地维持并逐渐壮大的关键。如果你缺乏诚

信，或者不够谦虚，再或者对工作缺乏热忱，你都无法拥有个人品牌。即使它已经建立起来，这些品格方面的不足也会把它破坏殆尽。所以，完善你的品格是树立个人品牌的根本保证。

好名声的获得和财富的获得是一样的，它们都需要积累。每一个看似风光的人在他建立个人品牌之前都会经历一个漫长的“默默无闻”阶段。我们应时刻有这样的意识，那就是在我们有限的圈子里珍惜自己的声誉，并且逐渐扩大“知名度”，当你的美誉愈传愈广的时候，你自身的价值也就会自然而然地上升。

39 踏实做事，是成功的基石

人的一生不管做什么事儿，都得实实在在。万丈高楼平地起，夯实地基为第一；参天大树搏风雨，扎实根基为第一；谷子低头笑茅草，丰盈子实为第一；有志之士建功业，充实自己为第一。

在生活中常常有这种情况：有些人胸怀大志，但又有点好高骛远，他也在思考，不过他的这种思考，是在想入非非，而且还不愿老老实实学习，踏踏实实行动。这样长此以往，他便成了一个空想家，最后啥事儿也没干成。

任何一个人的成功都不是靠空想得来的，只有踏踏实实一步一个脚印去尝试、去体验，才能最终取得成功。不管你拥有怎样知名学府的毕业证书，也不管你获得过怎样高的奖励，你都不可能在踏出校门的第一天就获得百万年薪，更不可能开上公司所配的“宝马”跑车，这些都需要你踏踏实实地去干、去争取。如果你不能改掉眼高手低的坏毛病，那么不但初入社会就遭遇挫折，以后的社会旅程都将布满荆棘。

上世纪70年代，麦当劳看好了台湾市场，决定在当地培训一批高级管理人员。总裁最先选中了一个年轻的企业家。但是，商谈了几次，都没有定下来。最后一次，他要求那个企业家带上他的夫人来。当总裁问：“如果要你先去打扫厕所，你会怎么想？”那个企业家立即沉思不语，脸上还现出了尴尬的神情。他在想：“要我一个小有名气的企业家打扫厕所，太大材小用了吧？”这时他的夫人说：“没关系，我们家的厕所向来都是他打扫的！”就这样，那个企业家才通过了面试。让那个企业家没有想到的

是，第二天上班总裁就先让他去打扫了厕所。后来他晋升为高级管理人员，看了公司的规章制度后才知道，麦当劳训练员工的第一课就是先从打扫厕所开始的，就连总裁也不例外。

创维集团的人力资源总监王大松曾经说："年轻人只有沉得下来才能成就大事。无论你多么优秀，到了一个新的领域或新的企业，刚出校门就只想搞策划、搞管理，可是你对新的企业了解多少？对基层的员工了解多少？没有哪个企业敢把重要的位置让刚刚走出校门的人来掌握，那样做无论对企业还是对毕业生本人都是很危险的事情。"

所以，要想获得事业的成功，就先去掉身上的浮躁之气，培养起务实的精神，扎扎实实打好基础，基础打好了，你事业的大厦才可能拔地而起。

古语讲，欲速则不达。急功近利是成就大事业的绊脚石。急功近利者，是戴着功利名位近视眼镜的目光短浅者。他们只看到目前的境况，只看到暂时的贫富盈亏。头痛医头，脚痛医脚，是急功近利者一贯的思考模式。为了治好头而不顾脚，为了治好脚又不顾头了，都是不可取的。

认真扎实地去做基础工作，是培养务实精神的关键。越是那些别人不屑去做的工作，你越要做好。工作能力是有层级的，只有从基础做起，处理好小事，才能打好根基，培养起处理大事的能力。

你还要时刻保持一颗平常心，坦然面对一切。即使小有成就，也不需太得意，就算遇到挫折，也不要消极失望。“不以物喜，不以己悲”的心态，会使你更加关注自己的工作，并集中精力做好它。

拿破仑是从炮兵干起的，卓别林是从跑龙套开始的，人的成长是需要一个过程的，这个过程不是任何文凭、学位可以缩短或替代的，否则就会出现断层，就会成为空中楼阁。“没有人能随随便便成功”，这是一句歌词，也是一个真理。“随便”是指空想、浮躁，只有去掉这些，发扬务实的精神，万丈高楼才能拔地而起。成就绝非一日之功，你不会一步登天，但你可以逐渐达到目标，一步又一步，一天又一天。别嫌自己的步伐太小、无足轻重，重要的是每一步都踏踏实实，这才是成功的康庄大道。如果你想成功，只要你肯为此尽心尽力，就一定不会落空。

40　以人格取胜，赢精彩人生

是金子总会发光的，这句话通常是用来安慰、激励那些事业上受到挫折或失意的人。这句话或许是有道理的，但是，人的生命终究是有限的，我们不能一直等待机会的到来。把自己放在一个显眼的位置，也许你会得到不一样的人生。

在矛盾面前，有些人选择了在成就上投资而压抑自己的品格，最终他们变得玲珑八面、圆滑世故，有时他们也小有成就，但这些成就并不能减少每个日出与日落之间他们心灵所承受的苦难。而另外一些人选择了自我，他们尊重别人但并不见异思迁，他们崇尚权威但并不奴颜媚俗，最终他们取得了更大的成功，并心安理得地享受着这种回报。

所以，任何时候，与任何人打交道，都别忘了展示你的人格。这是一种你无法事先预测回报的投资，但它所带来的回报往往会出乎你的意料。

林路是一家证券公司客户总监的秘书，是个外表安详而内心却不安静的女孩。像所有的白领、粉领与金领所处的环境一样，林路每天都得面对纷繁复杂的办公室人际关系。但林路在逆境中生存了下来，并且保全了自我。她从不试图说服别人，也不被别人说服，求同存异是她的处世方针。如此，既不得罪别人，也不强迫自己，两全其美。她当然也是有上进心的，她把希望寄托在自己的工作表现上，而不像其他人一样拼命地讨好上司。她的每一分钟的空闲时间都不会花费在画报和上网乱逛上。

每天下班之前她都会回想一下，今天我还有哪些事没有做好。她打电话到全市各大报社，专门打探跑证券的记者的最新动向。她还积极打听五星级宾馆最近的优惠情况，这关系到老板宴请是否得当，以及经营计划的战略部署。她会和穿着黄马甲的操盘手们一起讨论股市的涨跌，还利用自己几年来努力学来的证券知识帮大厅的一些新手排忧解难。为了抓住大客户，她还找到一位在保险公司工作的朋友搭桥牵线。所有的这些努力，使她仅用了半年时间就具备了可以与工作三四年的同事相媲美的能力。毫无悬念地，她成了总监的副手。在总监的办公室里，那个平日里严厉冷酷的上司微笑着对她说："说实话，尽管你成长得非常迅速，但在

咱们的部门里，你的能力并不是最优秀的。让你赢得胜利的不是你的能力，而是你的人格魅力。在所有人中，你是唯一一个敢于展示自己人格的人，就凭这一点，你就是最杰出的。”

人格是什么？简单地说，人格就是真实的自我，包括你未加修饰的性格气质，未加“润色”的处世态度和思想见解，未加抑制的理想信念和坚持不懈的精神。你可能会觉得保留这些并没有什么困难的，但当你步入社会，与具有不同价值观和利益点的人打交道时，你就会感觉到保持本色、坚持自我的困难了。有些时候，要想实现自己的目的、维护更大的权益，你可能不得不在一些方面做出妥协。这时问题就出现了，怎样使妥协恰如其分——既不损害别人的形象，又不压制自己的人格？

不可否认，这是一个颇有难度的问题。在步入社会之前听一堂有关如何在坚持自我与妥协之间达成平衡的课程，将会使你终生受益。解决这一问题的最好方法就是谨遵以下三条原则：

1. 不要盲目地坚持自我

当有不同意见或反对声音时，请认真思考和客观评价。及时纠正自己的错误并不会压制你的人格，相反却会使你的自我更饱满、更完美。

2. 会适当做出妥协

在社会上行走，基于不同的利益而产生的冲突是不可避免的，在这种情况下，冲突双方都需要做出一些让步才能达成统一和平衡。但这个让步并不是没有原则和限度的，如果必须全面否定自己，完全肯定对方才能达成共识，这样的共识不要也罢。在无关自己处世原则的地方做出改变，求同存异，最终达成共识，这才是真正聪明的做法。

3. 在坚持自我、展示人格的同时灵活地处世

坚持自我似乎与机敏圆滑相悖，实际上并非如此。坚持自己的梦想和做事方式并不与和周围的人搞好关系相抵触。良好的人际关系并不是靠奉承和溜须拍马才建立的。因此在尊重别人的做事方法的同时，保持自我并不会给对方任何不敬的感觉。同样，处理事情时在尊重对方观点的同时坚持自己，也不会惹对方不高兴。机敏圆滑并不是要你做任何事情都附和别人。恰恰相反，它是要你灵活地转换展示自己人格的方式，坚持自我。

保持自己的本色，展示自己的人格就是以真实的自己面对世界，轻松而坦然，不做作，不为难自己，无须换上漂亮的衣服，无须模仿讨人喜欢的面孔，也无须说一些贬损他人的话语、做一些损害他人的事。只要保持正确积极的态度，不断地学习完善自己，提升自我价值，你的人生就会更加独特、精彩。

41　掌控好自己的情绪

有位管理员对富兰克林一个人在排版间工作很是不放心，所以他就把屋里的蜡烛全部收了起来，这种情况一连发生了好几次。有一天，富兰

克林到库房里排版一篇准备发表的稿子，却怎么也找不到一支蜡烛。

富兰克林知道除了那个管理员以外没有人这么做，他忍不住跳起来，奔向地下室去找他。当富兰克林来到地下室时，发现管理员正忙着烧锅炉，同时还在吹着口哨，仿佛什么事情也没发生过。

富兰克林抑制不住愤怒，对着管理员就破口大骂，5 分钟后他停了下来。这时，管理员转过头来，脸上露出开朗的微笑，并以一种充满镇静与自制的声调说："呀，你今天有些激动，是吗？"

他的话就像一把锐利的短箭，一下子刺进了富兰克林的心里。

想想看，富兰克林听了这句话会是什么感觉，他就像在这场"战争"中打了败仗。更糟糕的是，富兰克林的做法不但没有为自己挽回面子，反而增加了他的羞辱。他开始反省自己，认识到了自己的错误。

富兰克林知道，只有向那个人道歉，内心才能平静。于是他对那位管理员说："我为我的行为道歉，如果你愿意接受的话。"

管理员笑了，说："你不用向我道歉，没有别人听见你刚才的话，我也不会把它说出去的。你当然也不会，我们就把它忘了吧。"

听到这些话后，富兰克林抓住管理员的手，并使劲握了握。他明白，自己不是用手而是用心和他握手。

在走回库房的路上，富兰克林的心情十分愉快，因为他化解了自己做错的事。

从此以后，富兰克林下定决心，以后做事情绝不再失去自制，因为凡事以愤怒开始，必将以耻辱告终。

自制是一个人一生中最难得的美德，它是一个人成功道路上的平衡器。自制体现了人类的勇气，是人类所有高尚品格的精髓，也是取得事业成功的前提。

失去自制的后果是可怕的。曾有人对美国监狱里的16万名成年犯人做过一项调查，调查发现这些人之所以沦落到监狱中，有90%是因为他们缺乏必要的自制。当然，犯罪只是缺乏自制的极端表现，缺乏自制更可能使我们失去工作、失去成功的机会、失去好人缘、失去好口碑……一位哲人说得好："上帝要毁灭一个人，必先使他疯狂。"

拿破仑·希尔曾说，在前进的道路上，最大的敌人不是缺少机会或是缺乏经验，而是失控的情绪。

我们生活在一个用道德和规则规范的社会，事业上的成功在很大程度上依赖于情绪控制和严格自律。在这种情况下，自制对成功就具有至关重要的意义。因为唯有自制才能使一个人有效地控制自身，把握好自我发展的主动权，驾驭自我。自制能使成功的道路变得更加平稳，能避免一些不必要的麻烦，从而增加成功的几率。

所以，别对你的朋友发火，也不要因为有人问了一些没深度的问题就一脸的不耐烦，即使你被冤枉、受了委屈也别用愤怒、赌气，甚至破口大骂来对抗，你必须控制你自己，提高自制力。正如富兰克林所说："一个人除非先控制自己，否则他将无法成功。"

一个人如果有了自制力，就很有可能抓住让你成功的机会，从而体现你本身的更大价值，而学会自制，有一个特别的方法，柯维把它叫做："自制的七个 C”：

1. 控制自己的时间(Clock)

时间虽不断流逝,但也可以任人支配。你可以选择时间来工作、游戏、休息、烦恼……我们不能掌握、控制客观的环境,但可以制定长期的计划。当我们能控制时间时,就有了能改变自己的一切的可能。让自己每天的生活过得充实,今日事今日毕。生命就是时间,把握时间,就是把握生命。

2. 控制思想(Concept)

我们可以控制自己的思想与想象性的创造。必须记住:幻想在经过刺激之后,将会实现。

3. 控制接触的对象(Contacts)

我们无法选择共同工作或一起相处的全部对象,但是我们可以选择接触时间最多的同伴,并在工作、生活中不断地结识新朋友,向成功人士学习。

4. 控制沟通的方式(Communication)

我们可以控制说话的内容和方式。我们谈话的时候,很少能学到东西,因此,沟通方式最主要的就是聆听、观察以及吸收。当我们(你和我)沟通时,我们要用信息来使聆听者获得一些价值,并彼此了解。

5. 控制承诺(Commitments)

我们选择最有效果的思想、交往对象与沟通方式。我们有责任使它们成为一种契约式的承诺,并按部就班,平稳地实现自己的承诺。

6. 控制目标(Causes)

有了自己的思想、交往对象以及承诺之后,就可以定下生活中的长期目标,而这个目标也就是我们的理想。你和我都有极高的理想,以及生活的计划,这就给了我们信心与勇气。

7. 控制忧虑(Concern)

如何创造一个美好、快乐的人生,这是每个人经常思考的一个问题,也是最关心的一个问题。多数人对于威胁到自己价值观的事,都会有情感上的反应。

大家都知道,在人的一生中,人们必须为自己的行为负责。在漫长的人生旅途中,我们必免不了要与形形色色的人打交道,而磕磕碰碰、发生口角等事在所难免,我们要学会控制情绪,学会自制,这样才有可能获得更大的成功和更多的财富。

42 珍惜自己的信誉

人无信不立,良好的信誉会给自己的行动带来意想不到的便利。信用就像你人生银行的存款,你必须先存入资金,才有资格和条件使用它,如果你只想使用和受惠,不想存入资金那是不可想象的。

《敏拉波尼》杂志的出版人琼斯,刚开始时只是一名普通的职员,他就是靠信用树立了他的声誉,结果成为一家报馆的主人。

琼斯在开始创业时,首先向一家银行贷了 3000 美元,其实这笔钱他并不需要。他解释说:"我之所以贷款,是为了树立我守信用的形象。其实我根本没有动过这笔钱,当借期一到,我便立即将这 3000 美元还给了银行。几次以后,我就得到了这家银行的信任,借给我的数目也渐渐大了起来。最后一次贷款的数额是 2 万美元,我需要这笔钱去发展我的业务。"

"我计划出版一份商业方面的报纸,但办报需要一定的经济基础,我估算了一下,起码需要 2.5 万美元,而我手头上总共才 5000 美元。于是我再去找每次贷给我钱的那个职员。当我把自己的计划原原本本地告诉他以后，他愿意贷给我 2 万美元。不过，他要我与银行经理洽谈一下。最后，这位经理同意如数贷给我，还说：‘我虽然对琼斯先生不熟悉，不过我注意到，多年来琼斯先生一直向我们贷款，并且每次都按时还清。’就这样，琼斯用这笔资金走上了成功之道。”

可见，信用的力量是巨大的，你如果在对待别人时能信守承诺，别人就会认为你是一个可信任的人，从而信赖你，支持你，你便容易在事业上取得成功。

然而，在某些情况下，你也许会发现，恪守信用、信守承诺的做法，也会使自己吃亏。这时，你千万不要太在意，甚至为此而改变自己信守承诺的做法，因为吃亏只是暂时的，所谓有亏必有盈，偶尔因守信而吃亏或经济利益受损，却会给你的事业带来更积极长远的影响。

1968 年，日本麦当劳会社社长藤田接受美国油料公司订制餐具 300 万个刀与叉的合同，交货日期为该年的 8 月 1 日。

藤田组织了几家工厂生产这批刀叉，这些工厂却一再误工，预计 7 月 27 日才能完工。但从东京海运到美国芝加哥路途遥远，8 月 1 日肯定交不了货，若用空运，就会损失一大笔利润。

公司都是要讲求利润的。这时藤田面对的一边是损失的利润，一边是看不见摸不着的信用，考虑再三，他毅然租用泛美航空公司的波音 707 货运机进行空运，花费了 30 万美元的空运费，才将货物及时运到。

这次藤田虽然损失很大，但却赢得了美国油料公司的信任。在以后的几年里，美国油料公司都向日本麦当劳会社订制大量的餐具。藤田也因此得到了丰厚回报。

我们不难发现，在很多情况下，信用竟然是可以增值的，这次虽然吃一点点小亏，下次便能获得更多。因讲究信用吃亏而放弃信用的行为是短视的。当你那样做时，你不但放弃了以后更大的利益，而且还要为丧失信用而付出代价。

爱耶伯劳曾说过："信用仿佛一条细线，一时断了，想要再接起来，难上加难。"所以，当你在使用信用这笔人生存款的时候，千万不要透支。当你的信用值为负数时，你可能就会变成一个无人敢信任的"穷光蛋"。

平时，你一旦许下了什么诺言，就要恪守信用，你的言谈举止应该给人一种遵守诺言的印象，这种印象会使你受益匪浅。

恪守信用看起来简单，做起来却相当困难，你只要稍有疏忽，就可能无法守信。不信，你可以想一想；你是否经常轻易地许以承诺？你是否总是忘掉别人委托之事？你工作起来是否总能够按时完成？你主动请缨的事情是否总能圆满交差？

这么一问，你可能会大吃一惊，发现自己并不是一个严格守信的人。那么，怎样才能做到恪守信用呢？

在许诺之前要先对自己的能力作出正确的评估，并客观地回答："我真的能履行诺言吗？"如果不能，就不要拍着胸脯说大话。而应代之以"我尽量，我试试看"的字眼。上司交代的事当然要接受，但不要说："保证没问题"的字眼。因为许诺是一件非常严肃的事，答应人家就跟欠人家一样重要。如果你认为自己做不到,或觉得得不偿失而不愿去办时,千万不要轻率地向别人许诺。

一个人办事忠厚诚恳,实实在在,说到做到,就会使人产生信任感,愿意同他交往、合作。反之,轻诺寡信,一而再地自食其言,必然要引起人们的猜疑和不满,只有诚信,友谊才会持久。

如果你想为自己树立一个良好的形象,并成就一番事业,那就一定注意,不管大事小事,都要讲究信用,不断为自己的人生银行存款,并切记,无论诱惑多么迷人,都不要透支!

43 屈伸有度,柔能克刚

一位智者生了重病,他的徒弟前去探望。徒弟来到师傅床前,求教道:"师傅的病不轻啊,还有什么道理要传授给弟子吗?"

智者点头,随后张大口,让徒弟看,并问道:"我的舌头还在吗?"

徒弟回答:"还在,好着呢!"

智者又问:"我的牙齿还在吗?"因为年迈,智者的牙齿已掉光,只露着光秃秃的牙床。

徒弟老老实实地回答:"牙齿不在了。"

智者追问:"你领悟这个道理了吗?"

徒弟若有所悟地回答:"舌头存在,是因为它的柔软吗?牙齿没有了,是因为它太刚强的缘故吗?"

智者说:"好啊,天下的道理都在这儿,我已经没有别的话要说了。"

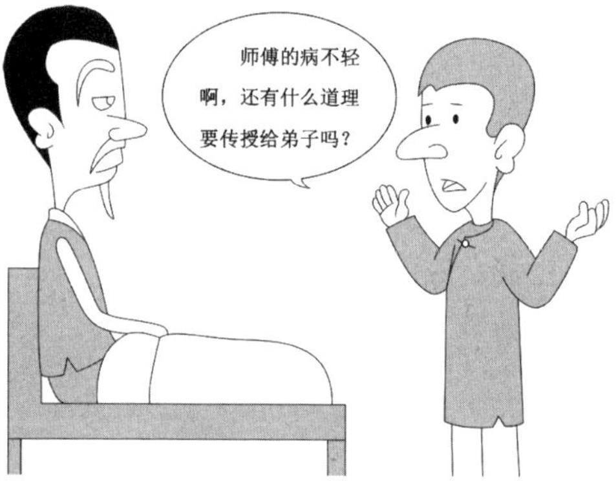

这是智者给徒弟上的“最后一课”，讲述了一个深刻的哲理——柔韧胜过刚强。当然这并不是要我们做个没志气的“软骨头”，而是教育我们为人处世不要持强硬作风，更不要争强好胜。

很多人认为要想在人性丛林中获得生存和发展的机会，就必须把自己变成一个“强者”，说话要犀利，办事要强硬，认为只有在气势上更胜一筹，才能获得别人的认可与尊重。

实际上并非如此。过于尖刻的语言会刺痛别人的心灵，过于强硬的行为风格会招致别人的反感。久而久之，就会使自己陷入孤立、四面楚歌、自我封闭的境地。

真正能够给我们带来好人缘和权威感的是柔韧。柔韧是一种魅力，一种收敛。人们更喜欢同那些说话温和、时刻关注对方感受的人交往，更喜欢和那些做事灵活、不逞强、不争胜的人共事，这样的人不会粗暴地命令别人做这做那，也不会有在任何方面都压制别人的想法。这种柔韧的处世艺术，使他们更容易吸取别人的经验和教训，更容易获得别人的信任与帮助，而所有这些都使他们能够更快更好地做好工作，获得更多成长和发展的机会。

其实不仅为人处世要柔韧，组织的发展也需要适度的灵活，和竞争对手硬碰硬是得不偿失的，适度的柔韧更能取得有利的市场地位，获得发展的良机。

44 幽默，是保持乐观的良药

美国一位心理学家说过:“幽默是一种最有趣、最有感染力,最具有普遍意义的传递艺术。”幽默的语言,能使社会气氛轻松、融洽,利于交流。人们常有这样的体会,疲劳的旅途上,焦急的等待中,一句幽默话,一个风趣故事,不仅能带给别人快乐,更能让自己疲劳顿消,笑逐颜开。

幽默对于每个人来说,都是一种必不可少的素质。在日常平凡的工作或生活中,幽默往往会使一些本来棘手的问题很好的解决,或者使你从尴尬窘迫的处境中顺利解脱出来。

有一位南方绅士找到林肯,要求跟他决斗。林肯沉思了一会儿说:“如果武器、地点全由我决定,我就接受。”那位绅士同意了。林肯马上宣布:“地点就在这里,二人相距五尺,武器是牛粪。”那位绅士听后哈哈大笑。结果双方握手言和。

幽默竟然有如此大的魔力,能化干戈为玉帛,这可能是你想不到的事。有些时候,气氛压抑得如乌云笼罩,幽默却能取得拨云见日的效果。

有一次,一位作家在家里宴请几位朋友。大家在谈到最近的一个热点新闻时,激烈地争论起来,情绪越来越激动。这位作家为了平息餐桌上的争论,于是提出了一个十分意外的问题:“诸位,刚才上的是一道什么菜?是鸡吗?”

“是的。”一位客人答道。

“那一定是公鸡!”作家一本正经地说,“原来是鸡在作祟,难怪大家要斗起来!”

说完，他举起酒杯："来点灭火剂吧，诸位！"

有的客人终于忍不住笑了，一场"战斗"就这样偃旗息鼓了。

幽默还能使你保持乐观的心情，即使在你处于非常不利的情势下，被压力压得喘不过气来，你也能够改变消极郁闷的情绪，重新站起来，积极开始新的生活。

社会学家特普·赫伯有一次去看望一位即将痊愈的朋友，这位朋友已经在病床上躺了三年。

"每天吃得好吗？"赫伯问。

朋友笑着说："在这儿会挨饿吗？我每天都要用勺子来吃药。"

接着，朋友给赫伯讲了一连串发生在病房里的故事和笑话，使在座的人都忍俊不禁。

后来医生告诉赫伯，他的朋友刚来医院时，人们都认为他活不到年底，现在却要出院了。这或许是赫伯的那些笑话帮了他的大忙。

这位朋友出院时，同室的病友依依不舍地对他说："你一走，我们都要死了。"而他却回答说："不会，倘若你们死了，医生也活不了，他们上哪儿去收费呀！"病友都被他逗笑了，心情也轻松了许多。

无论在工作还是生活中，幽默是相当重要的，它不但能使你保持乐观的心情，更重要的是，还能成为你的救命稻草，使你在复杂的人际交往中游刃有余，始终不受窘境所累。

45　微笑相迎，和谐共处

有人说："微笑是一句世界语。"的确，现实生活中，微笑最容易被人理解和接受。不论一个人地位高低，不管是富翁还是穷人，只要用微笑去面对人生，生活便会充满快乐和温馨。微笑是世界上最好的礼物，所以把微笑挂在脸上，也是提高人气指数的一种方法。

微笑是上帝赐给人类的最贵重的礼物，这源于微笑对每一个人的重要性。无论在生活还是在工作中，微笑都闪耀着迷人的魅力，推动你更好地生活和做事。

在与人初次打交道的时候，由于双方不熟悉，对方必然会对你产生戒备心理，有意识地提防着你，紧闭自己的心灵之门。这就不利于你的交际，有时甚至连很容易达成共识的问题也会搞得意见分歧。如果你见面时主动向对方微笑，对方就会不自觉地把心灵之门打开，同你畅谈，即使有什么不同意见，也会求同存异，进而取得一个双方满意的结果。有的时候，我们会为了坚持己见而彼此争吵起来，甚至到了剑拔弩张的地步。这时，如果有一方主动冲对方微笑，对方的火气通常很快就被化解掉了，甚至也会不好意思地微笑起来，这样两个人就能坐下来心平气和地探讨。

当你向一个人微笑时，就是在表明你的态度，你对他的欢迎、喜爱和热情。学会微笑，你会别具魅力。

一个经常把微笑挂在脸上的人，会给人留下充满自信的印象。自信的人会经常情不自禁地微笑。自信是克服困难、做好事情的前提。如果你养成了时常微笑的习惯，就会惊奇地发现，自己不再懦弱。即使遇到困难，自信心也会驱使着你积极主动地克服困难，从而把事情做好。

微笑往往源于内心的快乐，如果你经常微笑，就会成为一个快乐的人。快乐是一种积极的生活态度，也是工作的最高境界。快乐的人，心情会保持轻松，会持久地热爱生活，热爱工作，热爱他人。这既有利于身体的健康，又能提高工作效率和工作状况，从而做出更加优异的成绩。

卡耐基曾鼓励学员们花一个星期的时间，每天 24 小时都对别人微笑，然后回到班上来，谈谈所得到的结果。下面是学员史坦哈的心得："我已经结婚 10 年了，在这期间，从早上起来到我上班的时候，我很少对我太太笑。现在，当我坐下来吃早餐的时候，我以'早安，亲爱的'跟我太太打招呼，同时对她微笑，她被搞糊涂了，惊讶不已，我笑着对她说，今后要把我这种态度看成通常的事情，她高兴得像个小姑娘。连续一个星期下来，我觉得我们家的幸福比以前 10 年的还多。"

"现在，我会对办公大楼的电梯管理员微笑着说一声'早安'，我微笑着同大楼门口的警卫打招呼，我会对地铁站的出纳员微笑，我会对那些来公司办事的不认识的客户微笑。"

"他们都冲着我微笑，还说我变成了一个快乐的人。就这样，我养成

了微笑的习惯，而且，我还发现自己经常去想一些愉快的事情，而不再像过去那样经常陷在烦闷的情绪当中解脱不出来。一想到那些愉快的事情，我就会情不自禁地微笑起来。”

微笑能消除仇恨，化解矛盾，微笑能拉近彼此之间的距离，使陌生变成熟悉，使人与人的感情进一步加深。微笑是把万能钥匙，它能帮你打开任何一扇友好善良的门。

NBA 历史上最优秀的后卫托马斯有个雅号：微笑刺客。之所以会有这样一个雅号，就是因为托尔斯在球场上，总是把微笑挂在脸上，不管竞争多么激烈，笑容一刻也不会离开他。微笑不但给了他好心情，还提高了他的球技水平。当他微笑着运球突破时，防守队员往往也受到他笑容的感染而放松警惕；当他投篮时，对方球员也会被他的笑容所迷惑而使他钻了空子，投篮命中；他很少会受到对方球员们的冲撞和犯规，试想谁会“欺负”一个笑容满面的人呢？同样的，当他冒犯了别人时，对方也很少会不依不饶，他的笑容很快就会平息对方的怒气。总之，他用笑容征服了一切。

微笑不仅有利于人际关系的发展，还有利于身心健康。微笑是对抗忧虑的王牌，是化解烦恼的良药。如果你每天都能笑对自己、笑对人生，那么你的态度将更加积极。

46　热情如火，点亮生命的历程

热情是自信的来源，自信是行动的基础，行动是进步的保证。一个没有热情的人，学习和工作的效率不会高，也很难获得良好的成绩，更不可能有高质量的生活。一个没有热情的人，就不会有生机和活力，会变得死气沉沉、毫无斗志。

拿破仑·希尔曾说过："要想获得这个世界上的最大奖赏，你必须拥有过去最伟大的开拓者所拥有的将梦想转化为现实的热情，并以此来培养和发展自己的才能。"

可见，热情对于一个人的成功是多么重要。如果你失去了热情，就不可能在社会上立足和健康成长。凭借热情，你可以释放出潜在的巨大能量，培养出一种坚强的个性；凭借热情，你可以把枯燥乏味的工作变得生动有趣，使自己充满活力，培养起对事业的狂热追求；凭借热情，你可以感染周围的同事，让他们理解你、支持你，拥有良好的人际关系；凭借热情，你可以获得老板的提拔和重用，赢得更珍贵的成长和发展的机会。

著名的人寿保险推销员法兰克·派特正是凭借着热情，创造了一个又一个奇迹。在他刚转入职业棒球界不久的时候，因为动作无力，而遭到开除。球队经理对他的评价是："一副慢吞吞的样子，哪像是在球场上混了20年。"

他又到了另一支球队，决心找回自己以前的热情，做英格兰最具热情的球员。在这种思想的支持下，他一上场，就像全身带电一样，强力击出高球，使接球队员的双手都麻木了。他迅速并带有强烈的气势冲入三垒，那位三垒手吓呆了，球漏接了，他盗垒成功。当时气温高达华氏100度，他在球场上奔来奔去,全然不顾有可能会中暑倒下。

热情不仅让他的球技超水平的发挥,还感染了他的队友,结果比赛赢得非常精彩。后来他由于手臂受伤,不得不放弃打棒球,进入菲特列人寿保险公司当了一名寿险推销员,但一年下来,他没有任何业绩,为此他非常苦恼。后来,他又像当年打棒球一样对工作重新投入热情,很快就成了人寿保险界的大红人。在他从事推销工作30年之际,他说:"我见过许多人,由于对工作保持着热情的态度,他们的事业辉煌;还有许多人,由于缺乏热情而走投无路。我深信热情的态度是成功推销的最重要的因素。"

可见,无论对人还是对事,生活还是工作,一切顺利还是身处逆境,热情都是成功者和渴望成功者所应具备的基本态度。

那些对工作感到厌倦进而感到前途无望的人,往往把工作当成一件苦差事,这样的工作态度决定了他很难对工作倾注热情,成功也就离他越来越远。

在一个小镇上,路人问三个石匠在做什么。第一个石匠说:"我每天都枯燥地搬石头砌墙。"第二个石匠说:"我的工作很重要,我要把墙砌好,这样房子才结实。"第三个石匠则目光炯炯地说:"我的责任十分重要,这是镇上的第一所教堂,我要将它建成百年的标志性建筑。"

如果你也能像第三个石匠那样,把自己的工作看得神圣而伟大,就会源源不断地激发你的热情，不再认为工作是枯燥无味的。因为你从工作中感受到了使命和成就感，从而彻底改变了浑浑噩噩的工作态度。

选择你所热爱的，热爱你所选择的。对于每一个人来说，选择自己所热爱的工作是非常重要的，但如果你所从事的工作不是你所热爱的，你也不应轻易放弃，而应该尽力促使自己去热爱它，培养对它的兴趣。因为在任何岗位上，你的成绩都是你自己的，所锻炼的能力也是你自己的，热情的态度还是你自己的，这些都将成为你未来成功的资本。

当你发现自己失去热情时，不是工作或者其他外界环境出了问题，而是你的易燃指数不够高，只有用热情点燃一切，使自己成为一个热情洋溢、生机勃勃的人，才能不断开创新的局面，否则，你将一生陷入平庸之中。

47　不忘初心，方能行远

一个拥有良好心态的人，他应该始终具有清醒的头脑。在工作取得了好的成绩的时候不忘形，在失意的时候，也不沮丧。

一个炎热的中午，狮子正在草原上午睡，突然传来嗡嗡的尖叫声，在狮子耳边吵个不停。狮子睁开眼睛一看，原来是一只小蚊子，狮子被小蚊子打扰，怒不可遏，便与小蚊子争执起来，小蚊子自恃身手灵活，飞动自如，不但不理会狮子的警告，还故意叮在狮子头上、鼻上，弄得狮子焦头烂额。蚊子眼看森林之王给自己弄得如此狼狈，不禁得意忘形，不想竟然被身后的蜘蛛网缠住了。小蚊子拼命挣扎，可是愈缠愈紧，结果成为蜘蛛丰盛的午餐了。

蚊子的死是罪有应得，但它给我们的启示却是深刻的：一个人经历千

辛万苦换来成功的果实，是手捧观之得意洋洋，还是保持冷静视之为过去，重新设定新的目标，并加倍努力实现。选择前者，就选择了和蚊子一样的命运；选择后者，成功的甘甜将会始终伴随左右。

为什么人的选择会不同呢？这主要是由人的心态决定的。好的心态不仅可以指导我们在工作上取得成绩，还能指导我们在各种困难面前站稳脚跟，坚持自己认为对的事情，不因为别人的不理解而改变自己。

由于与生俱来的性格使然，有的人外向，有的人内敛，也因此造成了每个人外在行为上的差异，这便成为误解的根源。

不久以前，一位刚参加工作的小周跟他一个知心朋友说："同事们都这样，如果我整天捧着本书，不和他们闲聊，显得我清高、不合群，多不好啊！"

的确，每个人都希望自己能够在单位中培养良好的人际关系，和大家融为一体，尤其是刚毕业的学生，好像不和大家打成一片就没有获得大家的认同，工作起来没有底气。

小周毕业于某警校，学的是道路交通管理，毕业后被分配到一个小城市。他每天的工作是上街值班两个小时后休息几个小时，然后再去值班。工作的压力不大，闲暇的时间也很多。但是，他的同事们每天值班回来后，不是打牌，就是聊天。晚上下班后，也经常是出去吃吃饭、喝喝酒、跳跳舞。小周觉得自己整天和他们在一起的时间太浪费了，有一种犯罪感。他喜欢读书思考一些问题，并想接着深造——考研究生。但他又觉得如果自己不和同事们在一起玩，又怕人家说自己假清高、不合群。因此，他十分苦恼。

朋友听完他的陈述后，对他说："从你所说的这些情况来看，可能你的同事的素质都不是很高，他们又安于现状，没什么太大的追求。也许他们能够做好目前的本职工作，但如果再让他们有所发展和进步的话，那可能性就很小了。其实你的这些顾虑完全没有必要，因为如果只有和他们一起虚度光阴才算合群的话，那你必须以牺牲自己的爱好、前途、追求为代价而去合群，必须放弃提高自己思想境界为代价。在工作中，这种'就低不就高'的合群、不清高，实际上就是媚俗，是完全错误的一种想法。况且，你年纪小，想追求进步，他们在你这个年龄的时候，也会有这样的想法。所以，即使你不和他们在一起玩，我想他们也不会怪你的。"

不合群的现象一般有两种：一种是因为性格孤僻，封闭自我，或是道德人品上低劣而使大家疏远他；另一种则是因为某个人的优秀出众，或者是追求的目标高于众人之上，不迎合众人的口味或疏于处理人际关系，从而不被大家接受或受人嫉妒。

在工作中，我们经常遇到的是后一种情况。比如陈景润做一名中学数学老师，肯定是不"合群"的；"文革"时的马寅初也跟不上潮流；比尔·盖茨从哈佛中途退学也和大家心目中的"好学生"标准不一致……这些人的共同点都是曾经不被大家看好，却都取得了骄人的成绩，而且他们从不曾得意忘形。

我们应该努力处理好与同事的关系，与此同时，为了发展自己的事业，也绝不应该牺牲自己的理性和追求去随波逐流。要在心态上摆正，只要你出众优秀、超凡脱俗，就很容易被人认为是假清高、不合群，但这也胜于得意忘形后的自我毁灭。

48　容人容己，大度从容

在我们的一生中，常常因一件小事、一句不经意的话，使人不理解或不被信任，但不要苛求他人，以律人之心律己，以恕己之心恕人，这是宽容，正所谓“己所不欲，勿施于人”。而面对别人的小小的过失，给予包涵、谅解，这更能体现出做人的宽容。

大地之所以广阔无垠、生长万物，是因为大地能够敞开宽容的胸怀，让春夏秋冬自由来去，让季节的画笔自由涂抹。宽容是一种胸怀，“海阔凭鱼跃，天高任鸟飞。”这便是宽容的空间。

宽容不是牢骚，但容得下牢骚。牢骚不是宽容，“牢骚太盛防肠断，风物长宜放眼量。”宽容不是嫉妒，但可以容得下嫉妒。嫉妒不是宽容，嫉妒使人变得卑劣。宽容不是懦弱，懦弱者不会宽容，懦弱者害怕外来势力，拒绝自我，排除异己。宽容不是忍让，忍让是无可奈何，忍让是一种苦痛，忍让是一种悲哀。宽容不是躲避，躲避现实者虚拟空门，宣扬物我皆空。

宽容是一种涵盖万物的力量。宽容“以静制动”“以柔克刚，刚柔相济”。宽容的人以事实证明真理。能宽容者，能治天下。宽容是智慧，它以宏观处世，身处一屋，谋及天下。宽容是高瞻远瞩，集思广益，运筹帷幄，决胜千里。宽容是进取，宽容是因为进取而不拘小节。水是宽容的，水能静止于被堵塞，水能以无形的方式越过堵塞。宽容是大度，宽容能容下人世间的酸甜苦辣，化解所有的恩怨是非。

宽容更是一种胸怀、一种睿智、一种乐观面对人生的勇气。它能驱散生活中的痛苦和眼泪,它能传播心灵的快乐和微笑。宽容盛产幽默,减少人生的沉重感,让人生充满快乐和欢笑。

宽容是治疗人生不如意的良药,是一种豁达,也是一种理解、一种尊重、一种修养,更是大智慧的象征、强者显示自信的表现。宽容是一种坦荡,可以无私无畏、无拘无束、无尘无染。

城里有一对冤家,一个叫加里曼,住在城的西头,是城里最有名的律师;一个叫理查得,住在城的东头,是城里最有名的法官。每当城里有什么案子,总是理查得负责审判,加里曼负责为人辩护。两人从来都是针尖对麦芒,你一言我一语,各不相让。长期下来,两人由于工作上的冲突逐渐演变成个人的恩怨,最后竟如同仇敌一般。

加里曼和理查得在乡下都有土地,而且紧挨着,纠纷不断。两人在城里又都有店铺,加里曼开的是药店,打着救人性命的旗号。而理查得开的是棺材铺,专门做死人的生意。两个人就如同前世的冤家,在今世又重逢。

有一天,海外的一艘商船路过这里。从船上传出这样一个消息,说在离这里9天路程的一个孤岛上,发现了一种新的树木,如果把它用做药材,能够使人起死回生;如果用它来做棺材,死人的尸体永不腐烂,而且面色红润,栩栩如生。

加里曼和理查得都听说了这个消息,两个人惟恐对方先得到,纷纷赶往码头,准备出海去买这种树。结果两人几乎同时到达码头。可是,两个仇人说什么也不肯坐在一条船上,两个人便坐在码头上"打起了"心理战,盼望着把对方耗走。

就这样,从日出等到日落,两个人谁也不走,而且都吩咐仆人回家取来吃的、穿的,甚至连被褥都拿来,准备夜战。

从日落又等到日出,两个人熬了整整一夜。眼看着码头上出海的船只越来越少，最后只剩下一条小船，两个人对望了一眼，无奈地登上这只小船。加里曼坐在船头，理查得坐在船尾，互不干扰。

小船起航了，驶向神秘的孤岛。小船行驶到第三天，海上起了大风暴，狂风裹着巨浪排山倒海般地向小船袭来。这汪洋里的一叶孤舟眼看就要倾覆了。这时，加里曼问水手，船的哪一头先沉，水手回答说，是船尾。加里曼兴奋地说："我将看到我的仇人比我先死，死亡对我来说就没有什么痛苦了。"

而此刻，理查得也在问船尾的水手，船的哪一头先沉，那里的水手告诉他，船头先沉。

理查得高兴地说："如果能够看到我的仇人比我先死，我就不后悔出这趟海。"

两个人正说着，一个巨浪打来，小船骤然翻了过来，加里曼和理查得双双落入汪洋大海之中。

因为两个人的不宽容，最终他们都付出了生命的代价。假如他们能够宽容对方，同舟共济，最后的结果可能完全不一样了。

宽容是一种幸福，我们饶恕别人，不但给了别人机会，取得了别人的信任和尊敬，我们也能够与他人和睦相处。宽容，是一种看不见的幸福。

宽容更是一种财富，拥有宽容，也是拥有一颗善良、真诚的心。这是易于拥有的一笔财富，它在时间推移中升值，它会把精神转化为物质，选择了宽容，其实便赢得了财富。

宽容，是一种高尚的美德。“相逢一笑泯恩仇”是宽容的最高境界。事实上这一美德做得到的人并不多，即使如此，我们也不应放弃这种追求，因为舍去对别人过失的怨恨，以宽容的心态对人、以宽阔胸怀回报社会，是一种利人利己、有益社会的良性循环。屠格涅夫曾说：“生活过而不会宽容别人的人，是不配受到别人的宽容的。”所以，当你宽容了别人，在自己有过失或错误的时候也往往能得到他人的宽容。

宽容，对人对己都可以成为一种无需投资就能够获得的精神补品。宽容不仅有益于身心健康，而且可以赢得友谊，保持家庭和睦，婚姻美满，乃至事业成功。因此，在日常生活中，无论对子女、配偶、老人、领导、同事、顾客、朋友乃至于陌路人，都要有一颗宽容的爱心。宽容绝不是面对现实的无可奈何，也不是软弱，而是一种智慧的生存方法，它可以改变你的心态，快乐地生活。

我们生活在这个世界上，走出家门，走向社会，总会与无数的人打交道。我们要在一起工作，一起学习，彼此不同，但是每个人都有自己的优点和缺点，坦然面对自己和他人的长短，不必去批评责难，也不必相互排斥，更不要轻易地怀疑别人。只有这样我们才能和平共处，才能做一个宽容别人的人，才是一个真正的君子。

法国的雨果曾经感叹过：“世界上最宽广的是海洋，比海洋更宽广的是天空，而比天空更宽广的是人的胸怀。”是的，这个世界并不大，用心就可以度量。曾有句话说：“宰相肚子能撑船。”经常笑眯眯的大肚弥勒佛为何整天笑口常开，不正是因为他能宽容地看待人间万千的不平之事吗？法国有法国宽容的浪漫，中国有中国宽容的实在，宽容是没有国家、民族、语言和文明的界限的。宽容是连接人与人之间关系的感情纽带，是盛开在这个美丽的地球上的品德之花。

宽容是一种高雅的修养，一种崇高的境界。宽容别人对我们来说并不容易，关键要看自己心灵进行如何选择。佛经言：“一念境转。”如果我们选择了仇恨，那么我们以后的余生将在黑暗中度过。因为如果时时刻刻想着如何去报复对方，就会整日心事重重，内心极端压抑，哪里还会有开心可言。反之，如果我们选择了宽容，从此舍掉仇恨的包袱，赠以对方一个甜美的微笑，这样一来，对方将会把阳光洒向大地，而我们也收获了一份心灵的感动。或许我们还会多了一位人生路途中的知心好友。一个人心胸豁达，才能纵横驰骋；若纠缠于无谓的鸡虫之争，则终日不得安宁。唯有对世事时时保持心平气和、宽容大度，才能处处契机应缘、和谐圆满。

宽容是一种智慧，一种气度。世上永远没有不长杂草的花园，人与人之间总会有各种各样的摩擦。有杂草我们要学会整除，有摩擦我们要学会调和。试想糖是甜的，盐是咸的，它们是我们生活中味道的正反两极，如果我们在味道上加以巧妙的调和，就能调出人间绝妙的美味。人际关系也正是在宽容的调和下，才显示出生活的和谐与美好。

“金无足赤，人无完人。”每个人都不可能完美无缺，马有失蹄的时候，人也有犯错误的时候。原谅别人的错误，并帮助他认识到自己的错误，这才是聪明之举，才能获得别人的真心诚意。中国是一个文明古国，历来都是以宽容闻名于世界，“退一步海阔天空，让三分心平气和”，“大海不拒细流，故能成其大；泰山不辞抔土，故能成其高。”孔子说：“君子坦荡荡，小人长戚戚。”君子的风范就是能有容天下不平的肚量，能有一种宽阔的胸怀。历史上有多少名门将士，他们都有宽容的气度。唐太宗宽容了魏征，成就了“贞观之治”的盛世；蔺相如宽容了廉颇，成就了一段“将相和”的千古佳话；鲍叔牙宽容了管仲，成就了“九合诸侯，一匡天下”的壮举。可见,宽容不仅能使我们生活得更安定和谐,还可以促进国家的繁荣发展。

宽容是人类的一种美德。追求真善美是人类的特性与本能,世界是美和丑并存的整体。如果我们不能用善良、忍耐和宽容的心情来包容这个世界,这个世界将永远充满忧伤和哀叹,快乐从哪里来,幸福为何离我们远去,也许你永远都不会明白。当一只脚踩到了紫罗兰的花瓣上,我们的鞋底却留有花的香味,这就是宽容的最好诠释。要想赢得别人的宽容,自己首先就要能宽容别人。有人说过这样一句话:“谁若想在困厄时得到援助,就应在平时待人以宽。”就是说,相容接纳、团结更多的人,在顺利的时候共奋斗,在困难的时候同患难,进而增加成功的力量,创造更多的成功机会。

学会宽容不仅健全了自己的人格,还提升了自己的思想境界。学会宽容,少了一分忧伤,多了一分快乐;学会宽容,少了一分仇恨,多了一分善良;学会宽容,少了一分忌妒,多了一分真诚;学会宽容,少了一分霸道,多了一分祥和;学会宽容,少了一些纷争,多了一分友爱。实际上,学会宽容,就是一个不断学会超越自我,超越执著的过程,当我们愈能宽容,我们就愈能净化自己,使自己愈趋向光明的升华。

学会宽容,让我们拥有更多的朋友,让我们的生活更愉快,让我们的人生路途上铺满鲜花,洒下一路的欢歌笑语,诗情画意将会永远伴我们走向幸福的彼岸!

学会宽容,就不要再苛求别人。“水至清则无鱼,人至察则无友。”桃园三结义一向为世人称道,但三人却各有缺点:刘备动不动就掉眼泪,缺乏男子汉气概;关羽骄傲自大,刚愎自用;张飞鲁莽暴躁,常常误事。但这些缺点却并没有妨碍三人义结金兰,他们以宽容之心相互包容,最终创下一番事业。如果我们换一个角度看待别人,他的许多缺点就变成了优点。

比如一个人吝啬，换个角度就是节俭；一个人很固执，说明他信念坚定；而好发脾气则是感情丰富的表现。

学会宽容，就学会一种有益的做人责任，就学会一种良好的做人方法。生活中宽容的力量巨大。批评会让人不服，谩骂会让人厌恶，羞辱会让人恼火，威胁会让人愤怒。唯有宽容让人无法躲避，无法退却，无法阻挡，无法反抗。周总理以其容纳天地的博大胸怀，在外交上奉行“求同存异、和平共处”方针，造就了他伟大的人格，树立了中华民族的大国风范。同样，邻里间团结和睦需要宽容，夫妻间白头偕老离不开宽容，一个健康文明进步的社会处处离不开宽容。假如没有了宽容，则国与国之间会兵戎相见，人与人之间会拳脚相加，社会将因此变得黯然。

智慧艺术告诉我们，宽容就是一门艺术，一门做人的艺术，宽容精神是一切事物中最伟大的行为。宽容是人类文明的唯一考核标准。“宽以济猛，猛以济宽，宽猛相济”、“治国之道，在于宽猛得中”，古人以此作为治国之道，表明宽容在社会中所起的重要作用。宽容，是自我思想品质的一种进步，也是自身修养，处世素质与处世方式的一种进步。其实，生活之中需要的只是一颗宽容之心。即便是珍惜也是一种宽容，这是对时间的宽容。因为你无法左右时间的流逝，自然你也无法左右值得你珍惜的东西的消逝，你唯一能做的就是宽容时间的残忍，把握住现在的每一刻。多一些宽容，人们的生命就会多一份空间；多一份爱心，人们的生活就会多一份温暖、一份阳光。当你用宽容换来自己内心的豁达，用宽容换来敌人的微笑。你难道不是把最好的留给了自己吗？

因此，宽容是一种有益的生活态度，是一种君子之风。学会宽容，就会善于发现事物的美好，感受生活的美丽。就让我们以坦荡的心境、开阔的胸怀来应对生活，让原本平淡、烦躁、激愤的生活散发出迷人的光彩。

49 以诚相待，以诚相报

20世纪30年代，在德国的一个小镇上，有一个犹太传教士，每天早晨总是按时到一条幽静的小路上散步。不论见到谁，他总是热情地打招呼："早安！"小镇上有一个叫米勒的年轻人，对传教士每天早晨的问候，反应很冷淡，甚至连头都不点一下。然而，面对米勒的冷漠，传教士从未改变他的热情，每天早晨依然向这个年轻人道一声早安。

几年以后，德国纳粹党上台执政。传教士和镇上的犹太人都被纳粹党集中起来，送往集中营。下了火车，列队前行的时候，有一个手拿指挥棒的军官，在队列前挥舞着指挥棒，叫道："左、右！"指向左边的将被处死，指向右边的则有生还的希望。点到传教士的名字时，他无望地抬起头来，眼睛一下子与军官的眼睛相遇了。传教士不由自主地脱口而出："早安，米勒先生。"

米勒虽然板着一副冷酷的面孔，但仍禁不住说了一声："早安！"声音低得只有他们两人才能听到。然后，米勒果断地将指挥棒往右边一指。传教士获得了生的希望……

这是一个非常感人的故事。在生死关头，传教士用自己的真诚感动了冷漠的军官，为自己赢得了生的希望。

富兰克林曾经说过："一个真诚的农夫比一个邪恶的王子更高贵。没有真诚就不会有收获。"真诚是一种美德，一个真诚的人会使人产生沟通、深交的欲望，给人以可信赖的安全感。

然而，在生活中很少有人会付出自己的真诚。有的人"自我感觉"特别好，优越感极强，总感到自己比他人强，耍小聪明，处处、事事、时时都显示出一副盛气凌人的样子，平时的一言一行总会不自觉地流露出高人一等的样子……如果我们把功利放在一边，把评价放在一边，真诚地与人相处，别人舒服，自己也舒服，岂不是很好！

人，其实是很容易被感动的。感动一个人靠的未必都是慷慨的施舍和巨大的投入，往往一句发自内心热情的问候、一个温馨的微笑，就足以唤醒一颗冷漠的心。请记住："以诚感人者，人亦以诚相应。"如果想赢得成功，首先要让你周围的人感觉到你的真诚。只有肯付出自己的真诚的人，才能得到别人的信赖。同样对于企业来说，只有对顾客以诚相待的企业，才能受到消费者的欢迎和青睐。

50　赠人玫瑰，手有余香

付出最多的人，往往获得也最多。《圣经》上有一句话说的是：我们要多多施与他人，要比自己预期的多做一些，要比我们能力所及的多施与一些，要比他人所求于己的多做一些。不要吝啬你的爱，让爱以最大的能量施与别人，因为爱别人就等于是爱自己。

一个女孩走过一片草地，看见一只蝴蝶被荆棘弄伤了。她小心翼翼地为它拔掉刺，让它飞向大自然。后来，蝴蝶为了报恩化作一位仙女，向小女孩说："因为你很仁慈，请你许个愿，我将帮你实现它。"

小女孩想了一会儿说："我希望快乐。"于是，仙女弯下腰来在她耳边悄悄细语一番，然后消失了。

小女孩果真很快乐地度过了一生。她年老时，邻居问她："请告诉我们，仙女到底对你说了什么？"她笑着说："仙女告诉我，我周围的每个人，都需要我的关怀。"

在这个世界上，爱人就会被爱；恨人就会被恨；给予就会被给予；剥夺就会被剥夺。你如果对自己、对他人、对一切美好的事物都充满爱心，你就会收获快乐、幸福、机会、成功。世界上最可爱、最宝贵的东西就是爱心，它是一切美好事物的源头。如果把爱拿走，地球就会变成一座坟墓。当你献出心中的爱时，你的心灵就会得到满足，同时还会收获别人的爱与尊敬。爱心是互补的，只要你充满了爱心，你就会被别人的爱心所包围，这样你离成功还会远吗？

当你被一个人感动，并被牢牢记住，你要清楚，那不是因为你貌美，不是因为你气质迷人，不是因为你所处的位置高高在上，也不是因为你所做的事情轰轰烈烈，恰恰是因为你竭尽所能地为他付出了爱。要想赢得别人的爱，必须先从关爱别人开始。对爱心吝啬的人，只能因得到别人的冷遇而走向失败。

请记住，爱别人就是爱自己。你在送别人一束玫瑰的时候，自己手中也留下了持久的芳香。

所以，要想成功就必须富有爱心。爱你的上司、爱你的同事、爱你的下属、爱你的顾客、爱你身边的每一个人吧，你将从中得到莫大的益处。

51　感恩在心，温润一生

要想拥有幸福的生活，就要怀有一颗感恩的心。“感恩”二字，在字典中的注解是：“乐于把得到好处的感激呈现出来且回馈给他人。”包括对家庭的感恩、对工作的感恩、对生活的感恩，甚至是对国家、对社会的感恩。不管当前你处于怎样的生活境况，是贫穷还是富裕，是艰难还是顺利，我们都应为我们目前所拥有的一切表示感谢。感恩并不是说我们要满足于现状，不思进取，而是保持心情的愉悦，减少心灵的负担，以更加积极乐观的态度去面对生活。

感恩是一种良好的习惯，也是一种积极的态度，更是一种乐观的精神。

一个人拥有感恩的心，那么他就会少一点抱怨与牢骚，多一双发现美丽的眼睛；少一点世俗的纷扰，多一份真诚的宁静；少一点对自然与环境的破坏，多一份对大自然的感激。

要为所有而善，不要为所无而忧。知足才能常乐。

很多人总是抱怨命运的不公，总拿自己的劣势与别人的优势进行对比，看到的都是别人有而自己没有的东西。结果，越比越没有信心，越比越忧愁，生活笼罩在一片阴云之下。其实，我们每个人都是幸运的，只是我们不善于发现，没有一颗感恩的心。

一个猎人上山打猎，看见一匹狼卧在山坳里，当他举起猎枪瞄向狼的时候，狼没跑，仍卧在那里。猎人觉得很奇怪，近前一看，发现是匹怀孕的母狼，而且显得有些可怜，原来这匹狼一条腿折了。狼看着猎人，像是在乞求猎人饶它不死，猎人心软了，不但没有杀它，还将它的伤腿进行了敷药包扎。

冬天到了，一场大雪封住了猎人的家门，他一连好几天都无法上山打猎。一天夜里，猎人听到自家靠山根的后院里“扑通扑通”地响，像是有人往院里扔东西。第二天，猎人开门一看，院里扔了几只野兔和山鸡。以后每逢下大雪不能上山打猎的时候，都是这样，原来是狼在报恩。

当你获得成功时，不要忘了感谢你的上司、同事和下属。如果没有他们的合作和帮助，你是不会成就辉煌的。

当你的组织取得了大的进步时，其他的组织——不管它是你的朋友还是对手，如果没有它们的正面鼓励和反面鞭笞，你的组织也不可能取得如此大的进步。

即使你被公司辞退也要怀着感恩之心,感谢公司曾经对你的培养。

学会感恩,你就会更加热爱自己的生活,就会更加珍惜自己所拥有的一切。艾迪·霍根博克曾经迷失在太平洋里,与他的同伴一起在救生筏上漂流了21天。事后,有朋友问他从这次经历中的最大收获是什么。他说:“如果你也有这样的一次经历,你就会明白,如果有足够的饮用水可以喝,有足够的新鲜食物可以吃,就不应该再有任何抱怨或忧虑。”

感受和感激他人恩惠能力的成长,是个人维护自己的内心安宁感、提高自己的幸福充裕感必不可少的心理能力。在一个文明社会,知道感谢,怀有一颗感恩的心,可以促进社会各成员、群体、阶层、集团之间的关系相互融洽、协调,促进人与人之间互相尊重、信任、帮助。

如果你有健康的身体,如果你有和睦的家庭,如果你有一份合适的工作,如果你有几个推心置腹的朋友,如果你的生活非常充实,如果你能按时完成工作,如果你今天过得非常开心,如果……任何具有积极意义的事实都应该是你感恩的对象,让你的一天乃至一生都在这感恩的心情中度过,你会觉得生活是幸福的,美好的。

古人云:“施人慎勿念,受施慎勿忘。”感恩是一个人不可磨灭的良知。一个懂得感恩的人,就拥有了人生最重要的美德,生活最重要的智慧。

52 美德在心,灵魂安然

一位哲学家带着他的一群学生去漫游世界。十年间,他们游历了所有的国家,拜访了所有有学问的人。现在他们回来了,个个满腹经纶。在进城前,他们在郊外的一片草地上坐了下来,哲学家对他的学生说:“十年游历,你们都已是饱学之士。现在学业就要结束了,我们上最后一课吧!”

弟子们围着哲学家坐了下来。哲学家问:“现在我们坐在什么地方?”弟子们答:“旷野里”。哲学家又问旷野里长着什么?弟子们说:“旷野里长满杂草。”

哲学家说,那么怎么才能铲除这些杂草呢?答案不一,用铲子铲、用火烧、撒石灰、挖草根……最后哲学家站起来说:“课就上到这里,你们回去后,用你们的方法各去除一片杂草。一年后,再来这里相聚。”

一年后,学生们再次来到这里,只是这片草地此时已变成了一片庄稼地。

这个哲理故事告诉我们,要想除掉旷野上的杂草,方法只有一种,那就是在上面种上庄稼。同样,要想让灵魂无纷扰,唯一的方法就是用美德去占据它。

从小我们就学过做人要谦虚、诚实、忠诚、博爱……而这些都是我们立身于世的根本。只有拥有了这些美德,我们才能得到别人的好感、信任、忠诚和爱,我们才会有朋友、有家庭,才能成就一番事业。只有拥有了这些美德,在失意的时候才有人安慰,在沮丧的时候才有人鼓励,在灰心的时候才有人帮助，在高兴的时候才有人分享。总之，只有拥有这些美德，我们才会在这个世界上拥有自己的一方天地。

俗话说，做人要美，做事要精，立业先立德，做事先做人，做任何事情，都是从学做人开始的。如果连人都做不好，还谈何事业。以德立身贯穿于每个人人生的全部过程，是一个人做人最根本的原则。世界上没有任何东西可以代替美德，因为它是一种人性的守望，是点滴的积累。如果没有美德，学富五车又有什么意义呢？

美德是一种追求，也是一种力量，是一种震慑邪恶、净化环境、提纯思维、吸引财源的动力，美德能使人内功强劲，无往而不胜。其实不仅仅是做人，经营企业也需要美德，一个企业缺乏诚信，不管它拥有怎样先进的设备和生产工艺，都不可能发展壮大。只有那些拥有美德的企业才会成就辉煌。如果想取得事业上更大的成功，千万别荒芜你的灵魂，心田里不能生长杂草。

53 忘掉世俗杂务，安享内心的宁静

如何才能达到理想人格的境界呢？庄子曾提出了“心斋”“坐忘”的修养方法。所谓“心斋”，就是要人保持虚静之心，即保持无知、无欲、无情；而要保持这种虚静之心，又必须通过“坐忘”来达到，也就是要摆脱一切生理肉体的欲望，去掉一切智慧，最终达到“生死一观，物我两忘”的逍遥自由的境界。简单地说，排除一切欲望，一切杂念，才能获得心灵的宁静。

但是在现代社会中，大多数人认为，拥有更多的财富能让自己过得更加快乐，因为那些可以用金钱换来的权利、名誉、奢侈的享受等能让他们的欲望在一定程度上得到满足。然而，很多时候，当我们真正得到自己梦寐以求的东西时，心灵却又被一些新的东西所占据，结果把自己弄得更加紧张。这时，我们应该善于调整自己的情绪，学会放松自己。

有一位成功的商人，虽然有几百万美元资产，但他似乎从来不曾轻松过。

他下班回到家里，进入餐厅准备吃晚餐，餐厅中的家具都是胡桃木做的，十分华丽，有一张大餐桌和六张椅子，但他从来没有认真去注意它们。

他在餐桌前坐下来，但心情烦躁不安。于是他又站了起来，在餐厅里走来走去。他心不在焉地敲敲桌面，又差点被椅子绊倒。

他的妻子这时候走了进来，他说声“你好”，这时一个仆人把晚餐端了上来。

他的两只手就像两把铲子，不断地把眼前的晚餐一一铲进口中，很快地结束了他的晚餐。

之后，他立刻起身走进起居室。起居室装饰得富丽堂皇，意大利真皮沙发，地上铺着土耳其的手织地毯，墙上挂着名画。他坐在一张椅子上，随手拿起一份报纸。他匆忙地翻了几页，急急瞄了瞄大字标题，然后，把报纸丢到地上，拿起一根雪茄。

他一口咬掉雪茄的头部，点燃后吸了两口，便把它放到烟灰缸去。

他不知道自己该做什么。他突然跳了起来，走到电视机前，打开电视机。等到画面出现时，又很不耐烦地把它关掉。他大步走到客厅的衣架前，抓起他的帽子和外衣，走到屋外散步。

他几乎天天如此。其实他在事业上十分成功，却一直未学会如何放松自己。他是位紧张的生意人，并且把职业上的紧张气氛从办公室带回了家里。

他很富有，他的家是室内装饰师的梦想，他拥有 4 部汽车，但他却无法放松自己。为了争取成功与地位，他已经付出了自己全部的时间，然而，在他拼命工作、拼命赚钱的过程中，却丢失了自己。

生活中类似的人比比皆是，其实，我们在工作时不要总想胜过什么人，而是要满足于眼前的情况，找回自己，但是这并不等同于不思进取，而是不要逼迫自己。因此，当我们在处理问题时，要尽力把事情做好。如果能够实现目标，那是最好。如果已经尽力了，而结果却不如意时，我们不妨轻松地接受，学会放松自己。人来到这个世界上是享受人生的，你的心需要适时休息，然后它才能发挥作用来协助你。

当你被紧张的情绪所困扰时，你不妨积极地应用你的想象力，它将会帮助你很快找到心灵的平静。

你可以坐在你大脑里的戏院，幻想出令你感到轻松的风景来。

如果你喜欢海滩，站在海边看着一望无际的大海，那就立刻动身吧——在你脑海中。在这些你所喜爱的风景中放松心情：太阳照在你身上，听海浪拍打着海岸，闻着清新、带着咸味的气息。看着头上蓝蓝的天空，听着小孩子在海边玩耍，发出快乐的笑声，让自己完全融入大自然中。

如果这样的一个海滩美景能为你带来心灵的平和,你不妨在头脑中一再地把它幻想出来,感觉到你就在那儿,心情轻松,没有任何忧虑。不断地幻想这种情景,直到阳光照透了你的全身,把紧张的情绪从你身上逐出,获得心灵上的宁静,把快乐的感觉带回到你身边。

当然,幻想海滩情景只是一个例子。你可以幻想你所喜爱的任何能够让你放松的情景。

世俗杂务像一根绳子一样捆住了那些劳苦奔波的人的心灵。因为绳子的牵绊,风筝再怎么飞也飞不上万里高空,烈马再怎么壮硕也得被套上马鞍……如果能斩断绳子的牵绊,马不必失去奔驰,牛不必失去草地,人不必失去生活。所以,我们要给心灵一片宁静的天地,停下忙碌的脚步去欣赏生活之美,享受美丽的人生。

54 业精于专，做行家里手

常言道:学无止境。任何人只要还想进步,不管他的年龄有多大,都要继续学习。踏入创富道路上的人更是如此。但这里有个学习什么的问题。

知识是人类智慧的结晶,人类之所以越来越进步,与知识的积累有着直接的关系。然而,相对于某个人来说,并非所有知识都是有用的。

知识有两种:一种是一般的知识,另一种是专门知识。一般的知识虽然广泛而且种类繁多,但是对于积累财富无甚用处。著名大学里的教授们,拥有文明世界中已知的各种普通知识,“但大多数的教授都很清苦”,因为他们专精于“传授”知识,而不擅长于组织或利用知识。

到底怎样学习知识,利用知识呢？汽车大王亨利·福特对此有过极好的阐释。

在第一次世界大战期间,芝加哥的一家报纸连续发表了一些社论。在这些社论中,他们称福特为“无知的和平主义者”。福特反对这种声明,于是控告该报诽谤。这件诉讼案在法庭开庭时,报纸所请的律师请求辩护而且使福特本人走上证人席,以向陪审团证明福特的无知。

他向福特提出了诸如下列的问题:“谁是班尼迪克·亚诺德?”“英国为了镇压1776年的叛乱,派出了多少军队到美国?”福特在回答后面一个问题时说:“我不知道英国派兵的确切数字,但是我听说过,派出的兵远比活着回去的多。”

到后来,福特对于回答这一类问题感到厌烦,他在回答一个特别无礼的问题时,向前倾了一下身子,手指指着发问的律师说:“如果我真的希望回答你刚才问的这个愚蠢的问题,或者回答你所问的其他任何问题,那么让我提醒你,在我的桌上有一排电钮,只要按下某个电钮,我便可将我的助理人员召来;只要我开口,他们对于我花费最大心血所建立的企业中的所有问题,都能回答。现在请你告诉我,既然在我的周围有人能提供我所需要的任何知识,难道只为了能够答复这些问题,我就应当在心里都塞满这些东西吗?”

律师无词以对。庭上的每一个人都认为这便是有教育的、而非无知的人的答复。

受过教育的人,知道他需要知识时从何处取得,并知道如何组织这种知识,使之成为明确的行动计划。

福特在他的“智囊”团的协助下,成为美国最富有的人士之一,他掌握了他所需的专门知识,而且可以取用自如。至于他自己的心里有没有一般性的常识性的知识,并不重要。

福特只上过6年学，但他在汽车制造方面的专业知识无与伦比，在理财方面，他也有着天才的表现。

专门知识对于一个准备成功的人来说，如同空气对生物一样重要。没有空气生物便不能存活，没有专业知识，你在这个行业里便如盲人一般无所适从。

成功大师拿破仑·希尔博士说："专门知识是这个社会帮助我们将愿望化成黄金的重要渠道。"

也就是说，如果你想要获得更多的财富，就要不断学习和掌握与你所从事行业相关的专业知识，无论如何，你都要在你的行业里面成为一等一的专才，只有这样，你才可以鹤立鸡群、高高在上。

比尔·盖茨靠电脑软件起家，当时，他是这方面的绝对天才与专家。现在，随着电脑的普及，软件专家俯首皆是，随便找到一个做出的软件就比比尔·盖茨要好。但比尔·盖茨依然是这个行业的专才，为什么呢？

随着公司的发展与壮大，研制某个软件已不是需要他做的事，他需要掌握的知识已经是如何应对这个行业日益激烈的竞争，如何制定出利于自己的商业规则，如何寻找专门人才替他开发出技术领先的软件。比尔·盖茨现在已经是这方面的专家。

麦当劳的高洛克有句名言："让我们研究一下一件汉堡包，只有一些受过特殊训练的人才能懂得鉴赏它。只有专业人士才懂得分辩和欣赏两件外表看来没有不同的汉堡包那迥然不同的品质、线条、颜色与味道。对一个专业人士来说，汉堡包并不单是一件'发过酵的面粉团。'"

掌握专业知识是创富的基础，没有这个基础，或是这个基础打得不够坚实，接下去的路你将寸步难行。

创富者首先要做的便是成为这个行业的专才。

现在，世界知识在以几何级数增长，一个人就是生下来就开始阅读，直到去世，也不能读完千万分之一，更不要说掌握了。面对这些铺天盖地的知识，你要做的就是尽可能去掌握你所从事行业的相关内容，并将它们运用到你的实践中去。

55 三人行，以强者为师

枝头上果实累累，液汁甜蜜，色香味美，都是因为从树干上吸收营养。树枝本身是不能生存的，把树枝从树干上砍下，其结果一定是树枝的萎黄与枯死。同样，一个人的力量也是从"人类心脏"、"人类树干"中得来的。

一个人从别人那里所摄取的能量愈大，品质愈好，种类愈多，那他个人的力量就愈大。所以，初入社会的年轻人必须多与比自己强的人交往。

这并不是说，你应当去和比你更有钱的人交往，而是说你应当和那些人格、品行、学问、道德都胜过你的人交往。使你能尽量吸收到种种对你生命有益的东西。这样可以提高你自己的理想,激励你更趋向于高尚,激发出你对事业的更大努力来。

脑海与脑海之间,心灵与心灵之间,有一种超然的"感应"力量。这种感应力量虽无法测量,然而它的刺激力,它的破坏力及建设力是十分伟人的。假如你常和比你低下的人混在一起,那他们一定会把你拖陷下去,一定会降低你的志愿和理想。

错过与比你高明的人结交的机会,实在是一种很大的不幸,因为你常能从这种人身上得到许多益处。

在和一个人格伟大、意志坚强的人交往、接触的时候,他会挖掘出你身上存在的许多潜能,让你拥有以前想都不敢想的能力。

你会不知不觉地感到自己的力量会突然增加几倍;自己的智慧会突然提高几倍;自己的各部分机能会突然敏锐几分。仿佛自己以前所意想不到的隐藏在生命中的力量都释放出来,你因此可独自去说从不敢说的话,去做从不敢做的事。

错过与你的同辈,尤其是那些比你更优秀的人交流的机会,这更将是一个极大的错误,因为你本来可以从他们身上学到一些有价值的东西。正是社交活动磨掉了我们身上粗糙的棱角,将你琢磨成器。一个与能够启发你生命中最真善美部分的人相结交的机会,其价值要远大于发财获利的机会。

你的个人生活或职业生涯中,与你交往的人无论从认识还是行为方式上,都能对你造成深远的影响。在内心仔细分析每一个与你交往的人,认真思考你的每一段友谊、工作中的人际交往,以及你在任何其他场合产生的人际关系。那些同你有关系的人都会对你的无价珍宝——思想产生意义重大的影响和冲击。

和消极悲观的人在一起,你也会变得消极。他们总是喋喋不休地提醒你不能做这个，不能干那个。他们还可能用一些令人沮丧的话语来阻止你行动，诸如经济衰退和他们遇到过的困难，以及你的生活中很快将出现的问题以及糟糕可怕的前景。如果你够“幸运”，他们还会对你说说他们的病。听完这些话，你可能会感到沮丧透顶，或是对一切感到倦怠冷漠，提不起精神。他们传递的消极信息，会腐蚀耗损你向前的动力和决心。

而同那些热情饱满、积极向上、乐于助人的人们在一起，初入社会的年轻人，你又是何种感觉呢？你会被他们所振奋鼓舞，然后学习采用他们对待人生的积极态度。你会感觉焕然一新，感到浑身又恢复了蓬勃的活力，你会鼓起信心继续追求你的目标。你自我感觉会更加良好，更具有成功的自信。你能变得更积极乐观，因而使人们乐于与你交往。

如果你可以选择，你难道不愿同这些积极乐观的人交往吗？你的确可以选择，你有绝对的主动权决定和谁相处交往。

如果你身边尽是些消极悲观的人，那么从现在起，你必须着手做点什么来改变现状。你要开始发展与积极乐观的人的关系，找寻那些富于行动、乐于助人、目标坚定的人。如果你的同事中有具备这些特质的人，你可以向他们学习，发展自身。与乐观的人交往，这是成为一个快乐的成功者必不可少的基本要求。

在发展人际关系上,成功人士总是尽力避免同那些会阻碍他们成功的人打交道。其中包括那些缺乏幽默感或心态消极的人,那些总是试图改造别人的人,那些苛刻挑剔的人,那些会浪费他们太多时间的人。同时,他们也拒绝那些不守承诺的人,那些猥琐、不诚实或自私自利的人,以及那些总是作威作福、不可一世的人。

你应该学会多与这样的人交往:能够给你以激励的人,满怀好奇心、富有创造力的人,坚定目标努力工作的人,对他人富于同情心和尊重的人,而尽量远离那些使你沮丧消沉的人。你因此能更快地到达成功的彼岸。

56 敢于抗争

人们是怎样对待你的?你是不是三番五次地被人利用和欺负?你是否觉得别人总占你的便宜或者不尊重你的人格?人们在订计划的时候是否不征求你的意见,而觉得你会百依百顺?你是否发现自己常常在扮演违心的角色,而仅仅因为在你的生活中人人都希望你如此?

一位律师这样说:

“我从诉讼人和朋友们那儿最常听到的悲叹所反映的就是这些问题。他们从各种各样的角度感到自己是受害者,我的反应总是同样的:‘是你自己教给别人这样对待你的。’

这位律师还讲述了一个与此有关的案例:

“盖伊尔来找我,因为她感到自己受到专横的丈夫冷酷无情的控制。

她抱怨自己对丈夫的辱骂和操纵逆来顺受，她的三个孩子也没有一个对她表示尊重。她已经是走投无路了。

“她对我讲述了她的身世。我听到的是一个从小就容忍别人欺负的人的典型例子。从她性格形成的时期开始，直到结婚为止，她的行动一直受到她的极端霸道的父亲的监视。没想到她的丈夫‘碰巧’也和她的父亲非常相像，因此婚姻又一次把她推入陷阱。

“我对盖伊尔指出，是她自己无意之中教会人们这样对待她的。这根本不是他们的过错。她不久就理解了，那么多年她一直忍气吞声，实际上是自己害了自己，她的任务应当是从自己身上而不是从周围环境来寻找解决问题的方法。

“盖伊尔的新态度就是设法向她的丈夫及孩子们表明：她不再是任人摆布的了。她丈夫最拿手的一个伎俩就是向她发脾气，对她表示嫌弃，特别是当孩子们或者其他的成年人在场的时候。过去她不愿意当众大吵一场，因此对丈夫的挑衅总是毫无办法。现在，她要完成的第一个任务，就是理直气壮地和她丈夫抗争，然后拂袖而去。当孩子们对她表现出不尊重的时候，她坚决地要求他们有礼貌。

“在采取这种更有效的态度几个月之后，盖伊尔高兴地向我汇报说，她家庭对她的态度发生了很大的变化。盖伊尔通过切身经历了解到,的的确确是自己教会别人怎样对待自己的。三年之后的今天,她已经很少再被别人欺负、被人不尊重了。”

无数事实告诉我们,解救自己的关键是:用行动而不是用语言去教育人。如果你打算通过一次冗长的讨论来让人理解你不愿再受侵犯的重要信息,那么你得到的好处将仅仅局限在你和欺负你的人之间的谈话过程中,也许你还会和欺负你的每一个人进行多次“交流”,但是必须等到你学会了有效的行动方式,否则你仍然会受到烦扰。这就证明,你的表明决心的行动胜过千百万句深思熟虑的言辞。

许多人以为斩钉截铁地说话意味着令人不快或者蓄意冒犯,其实不然。它意味着大胆而自信地表明你的权利,或者声明你不容侵害的立场。

托尼在和售货员打交道时总是缺乏胆量。由于害怕售货员不高兴,他常常买回自己不想要的东西。他正在努力使自己变得更果断一些。一次,他去商店买鞋,看到一双自己喜爱的鞋,就告诉售货员,他要买下这一双。但是,正当售货员把鞋装进鞋盒的时候,托尼注意到其中一只的鞋面上有一道擦痕。他抑制住自己当即萌生的不去计较的念头,说道:“请给我换一双,这只鞋上有擦痕。”

售货员回答道:“行,先生,这就给您换一双。”这个时刻对于托尼一生来说是一个转折点,他开始锻炼自己果断行事。新的处世方法的报偿远远超过了买到一双没有擦痕的鞋子。他的上司、他的妻子以及孩子们和朋友们都感觉到,他变成了一个新的托尼。他不再是一味应承了。托尼不仅更经常地得到己所欲求的东西,而且还获得了不可估量的尊敬。

下面就是一些策略,你可以运用这些策略来告诉别人如何尊重你。

1. 尽可能多地用行动而不是用言辞做出反应。如果在家里有什么人逃避自己的责任,而你通常的反应就是抱怨几句然后自己去做,下一次就要用行动来表示。如果应当是你的儿子去倒垃圾而他经常忘记,就提醒他一次。如果他置之不理,就给他一个期限。如果他无视这一期限,那么你就不动声色地把垃圾倒在他的床头。一次这样的教训,要比千言万语更能让他明白你所说的"职责"的意思。

2. 拒绝去做你最厌恶的、也未必是你的职责的事。两个星期不去割草坪或者洗衣服,看看会发生什么情况。如果你能付得起钱,就雇个人帮你做,要么让家里其他的成员自己动手照料自己。一般来说,家里一切下等活都由你干,仅仅是说明,你已经向别人表明你会毫无怨言地干这些活。

3. 斩钉截铁地说话。即使是在可能会显得有些唐突的场所,毫无拘束地对服务员、售货员、陌生人、秘书、出租汽车的司机说话,对蛮横无理的人以牙还牙。你必须在一段时期内克服你的胆怯和习惯心理,你必须心甘情愿地迈出这第一步。记住:千里之行,始于足下。

4. 不再说那些招引别人欺负你的话。"我是无所谓的","我可没什么能耐",或者"我从来不懂那些法律方面的事",诸如此类的推托之辞就像为其他人利用你的弱点开了许可证。当服务员合计你的账单时,如果你告诉他你对计算一窍不通,那你就是暗示他,你不会挑什么"错儿"的。

5. 对盛气凌人者以牙还牙。当你碰到吹毛求疵的、好插嘴的、强词夺理的、夸夸其谈的、令人厌烦的以及其他类似的欺人者,冷静地指明他们的行为。你可以用诸如此类的话声明:"你刚刚打断了我的话",或者"你埋怨的事永远也变不了"。这种策略是非常有效的教育方式,它告诉人们,他们的举止是不合情理的。你表现得越是平静,对那些试探你的人越是直言不讳,你处于软弱可欺的地位上的时间就越少。

6. 告诉人们,你有权利支配自己的时间去做自己愿意干的事。从繁忙的工作中或是热烈的场合中脱身休息一下是理所当然的。把你支配自己休息和娱乐的时间视为是无可非议的，这是不容他人侵犯的正当权益。

7. 敢于说："不！"它摒弃了那种支支吾吾的态度，不容易给人造成误解你的空子。和隐瞒自己真实感受的绕圈子的话相比，人们更尊重那种不含糊的回绝，同时，你也会更加尊重你自己。

8. 不要为人所动，并因此对自己所采取的果断态度感到内疚。如果有人对你做出受了委屈的表情，向你说好话，许给你好处或是表示生气时，你不要感到不好受。一般来说，你过去已经教会他怎样欺负你，对这样的人这种做法你是不大知道该如何反应的。在这种时候，你要站稳脚跟。

记住：是你教会人们怎样对待你的。如果你把这一条当作指导你生活的原则的话，你就能够自己解放自己了。

57　善意的谎言是一种交际策略

在两条道路的交叉口有一棵树，一位圣人在树下苦思冥想。他的思绪被一位沿途朝他飞奔而来的小伙子所打断。

"救救我，"那位小伙子哀求道，"有个人误称我行窃，他正带领一大帮人追捕我，他们要是抓住我，就会剁掉我的双手。"

小伙子爬上那棵树上，藏在枝叶中。"请你别告诉他们我躲藏在哪里。"他乞求道。

这位圣人以圣者犀利的目光洞悉那位年轻人对他讲的是实话，那位小伙子不是一个窃贼。稍过片刻，那群村民赶到了，为首者问："你看没看见有一个年轻人从这里跑过去？"

许多年以前，这位圣人曾经发誓永远讲真话。所以，他说他看见过。

“他往哪儿跑啦?”为首者问道。

这位圣人并不想背叛那位清白无辜的年轻人,可是,他的誓言对他是神圣不可违犯的。他朝树上指了指。那些村民们把小伙子从树上拖下来,剁掉了他的双手。

这位圣人临死的时候面对上帝的最后审判,他由于自己对那位不幸的年轻人的行为而遭到了谴责。

“可是,”他抗议道,“我已经发过神圣的誓言,只讲真话,我有义务恪守誓言。”

“就在那一天,”上帝回答道,“你热爱虚荣胜过热爱美德。你将那位无辜的人交给迫害者,不是为了美德,而是为了维护自己作为一个有德行的人的爱虚荣的形象。”

指导我们美德观念的有限的智慧,常常成为驱使我们作恶的动力。我们对美德错误的观念通常只不过是一种虚荣心,以及试图博得赞扬,或者自以为自己多么“有德行”,这样我们便可能觉得自己高人一等。所以,多少回,由于这种虚伪的美德夹杂着人的无知,美德便变成了使人类成为受害者的一种有效的武器。

生活中,在有些情况下,就会出现一些必然的谎言。也就是说,在有些时候，你不能不说谎，甚至有时只能说谎。

《最后一片叶子》是美国作家欧·亨利的一篇短篇小说，它的故事是这样的：

在某医院的一个病房里，一位身患重病的病人房间外有一棵树，树叶被秋风一刮，一片一片地掉落下来，病人望着落叶萧萧、凄风苦雨，身体也随之每况愈下，一天不如一天。她想：当树叶全部掉完时，我也就要死了。一位老画家得知后，被这样的悲泣深深打动了，他用画的树叶去装饰树枝，使那位濒临死亡的女病人坚强地活了下来。

作为小说，可能有点夸张，但现实生活中，类似于这样的事例应当是不少的。这种谎言，就是生活中必要的谎言。没有这个谎言，那位女病人就会死去，要救活她，只能制造谎言。

如果为了"诚实"的虚荣，那么女病人就要以生命做为代价，有时为了人们许多合理的心愿暂时不被毁灭，谎言就开始发挥作用。

英国男士劳比一生耿直，憎恶在人际交往中有任何作假。为此，他在50年生命旅途中付出了沉重的代价，并终于有所醒悟。他痛苦地发现自己竟找不到一个可以倾心交谈的人，连妻子和儿女也已离他远去。劳比只能把自己的新想法写在日记上，讲给自己听。劳比这样说："我到现在才相信，人与人相处是没有绝对诚实的。有时候，假话和假象更能促进友情和爱情。"

劳比的经历是人类多少年来困惑的缩影。我们倡导人与人之间应该坦诚相待，但发现坦诚在许多时候会碰得头破血流。只是为了维护我们心目中一种虚幻的纯洁和躲避政治上的禁忌，我们才无法解释这种现象。劳比不是政治家，也不再需要自幻，所以他把人类长期来羞于启齿的隐秘说了出来：很多时候，交际并不需要真实。

一位涉世未深的青年曾经倾诉和劳比一样的苦衷。他从小受到诚实的熏陶，可是走上社会不久，就已经因为几句真话屡遭白眼了。他希望能找出原因，因为这样的问题劳比为之付出了几十年的代价。专家只给了他两句话。话是这样写的："当我的父亲与我探讨家庭大计时，我决不会说假话，而当我的母亲因病重将不久于人世时，我会对她说：'没关系，医生说你马上就会好的。'"这就是说真话和说假话的区别。

真正能说好谎言并不比说真话容易，首先你应消除对谎言的偏见和犯罪感。这样，你才能把假话说好。

说假话有三条规则：

1. 真实。

谎言是无法真实时的一种真实。当你无法表露自己的真实意图时，你就选择一种模糊不清的语言来表达真实。当一位女友穿着新买的时装，问你是否漂亮，而你觉得实在难看时，你便开始模糊作假。回答说："还好。""还好"是一个什么概念，是不太好或是还可以。这就是假话中的真实，它区别于违心而发的奉承和谄媚。

2. 合情合理。

这是谎言得以存在的重要前提，许多谎言明显是与事实不符的，但因为它合乎情理，因而也同样能体现你的善良、爱心和美好。经常有这样的问题：妻子患了不治之症不久将要死去，丈夫为之极感颓丧。他应该让妻子知道病情吗？

大多数专家认为：丈夫不应该把事情的真相告诉她，也不应该向她流露痛苦的表情，以增加她的负担，应该使妻子生命的最后时期尽可能快活。当一位丈夫忍受即将到来的永别时，他那与实情不符的安慰反而会带给人激动，因为在这假话里包含了无限艰难的克制。

3. 必须。

这是指许多谎言非说不可。这种必须有时候是出于礼仪。例如，当你应邀去参加庆祝活动前遇到不愉快的事情时,你必须把悲伤和恼怒掩盖起来,带着笑意投入欢乐的场合。这种掩盖是为了礼仪需要,怎能加以指责?有时候你说假话是为了摆脱令人不快的困境。例如,美国曾经就一项新法案征求意见,有关人员质问罗斯:“你赞成那条新法案吗?”罗斯说:“我的朋友中,有的赞成,有的反对。”工作人员追问罗斯:“我问的是你。”罗斯说:“我赞成我的朋友们。”

当你按照上述三条规则去说谎言,你的魅力一定会大增,只要你心存真实,把假话仅作为交际的一种策略,这是美丽的谎言。它是在善意基础上交际的必要策略,这同丑恶的假话,同以不可告人的目的编造的假话相比,两者有着本质的不同。

58 尊重别人就是尊重自己

想找寻别人的缺点是白费的,对方一定会立刻摆出防御的姿态,把自己合理化。如果彼此僵持,是很危险的。

历史上有很多怒责别人而了无效果的例子。罗斯福总统与他下一任的塔夫脱意见不合,常起争执,导致二人领导的共和党分裂,让民主党的威尔逊成为白宫主人。不仅如此,更迫使美国加入第一次世界大战,而改写了整个人类的历史。现在让我们回溯这一段史实。1908 年,罗斯福把总统职位让给塔夫脱后,便动身到非洲去猎狮子。等他回国后,竟大发雷霆,痛斥塔夫脱过于保守,与自己的意愿不合。为了确保下一任总统候选人的提名,罗斯福组织了进步党,却造成共和党险些崩溃的危机,使提名塔夫脱为总统候选人的共和党,只得到巴马特州与犹太州的支持,写下了美国选举史上空前的失败记录。罗斯福怪罪塔夫脱，而受责的塔夫脱会坦然认错吗？当然不。

“无论如何，以我的立场，只能采取那样的方式。”塔夫脱理直气壮地为自己辩白。

俄克拉荷马州的乔治·约翰逊是一家营建公司的安全检查员，检查工地上的工人有没有戴上安全帽是约翰逊的职责之一。据他报告，每当发现工人在工作时不戴安全帽，他便利用职位上的权威要求工人改正，其结果是：受指正的工人常显得不悦，而且等他一离开，便又常常把帽子拿掉。

后来约翰逊决定改变方式。他再看见工人不戴安全帽时，便问帽子是否戴起来不舒服，或帽子尺寸不合适，并且用愉快的声调提醒工人戴安全帽的重要性，然后要求他们在工作时最好戴上。这样的效果果然比以前好得多，也没有工人显得不高兴了。

一个真正的领袖，总是想方设法避免为自己树立仇敌，或是尽量少犯使一个职员或工人怀恨在心的错误。鲍尔文火车头工厂的总经理沃克莱先生说：“我从事工作这么多年来，从来没有恨过别人，或是曾想过对某人进行报复。如果某人在某时做了对不起我的什么事情，我也并不记恨他。我或者会和他把事情谈清楚，或者设法永远回避他。”

纽约中央铁路局的前总经理克劳利以为，就算某人在什么事情上分明是做错了，一个聪明的人，也不会做“痛打落水狗”的傻瓜，而是适当地给他退路，不过分责备他，因为人都是有自尊的，如果你过分伤了别人的面子，那么，别人也迟早会找机会来报复你。只有那些没有经验的掌权者，才会不管三七二十一地严格执法，而不管这种严格对于被处分者会产生如何恶劣的影响。

克劳利在任某段期间，差一点出了一次大事故。有两个工程师，都在铁路上服务了很长时间的,但就是这样的两个人犯下了大错:有一次,由于他们的疏忽,差一点使两列火车迎头撞上了。这么严重的事是完全无可推诿的,上面下了命令,要马上开除这两个失职的工程师。但是克劳利的想法却不同。

"像这样的情况,应当给予适当的考虑,"他反对说,"确实,他们的这种行为是不可宽恕的,是理应受到严厉惩罚的。你可以对他们进行严厉的处罚和教训,但是不可剥夺他们的位置,夺去他们唯一可以为生的职业。总的看来,这些年,他们不知创造了多少好成绩,为铁路事业的发展立下了多少汗马功劳。仅仅由于他们这次的疏忽,就要全盘否定他们以前不少的功绩,这样未免太不公平。你可以惩治他们,但是不可以开除他们。如果你一定要开除他们的话,那么,就连我一起开除。"

结果这两个工程师还是被留在那里,一直都在那里,他们成了忠诚而效率极高的职工。

如果你看到了这种情形,你就不会为他们为什么会忠心耿耿地为克劳利做事感到奇怪了。显然,克劳利给他们帮了一个大忙,但同时他也替自己帮了一个忙。他本来可以因为他们犯了错而小气、刻薄、严厉地对待他们,这种态度也无可厚非。他甚至可以开除他们,而他们也无话可反抗,但是如果他这样硬着心肠"秉公执法"的话,无疑便会失去两个忠心的助手了。与此相反,他选择了合乎人情的办法,所以得到了两个有力的助手。

你在与人相处时,骄傲地指责别人的错误,只能招致骄傲的反驳,激烈的言辞,换来的不是认同而是分歧,所以,不要轻易地指责别人,多一点劝诫和鼓励,效果会好得多。

要解除自己的危机——在人际关系上的危机,你就得去了解和谅解别人,不过分责备别人。

卡耐基告诫道:“如果你我明天要造成一种历经数十年,直到死亡才能消失的反感,那只要轻轻吐出一句尖刻的评语就够了。”

反过来,如果你不轻易责备别人并恰如其分地表达出对他人的尊重,哪怕事情是多么微不足道,别人也会心生感激,甚至留下终生的记忆。

举一个例子,蒙迪 16 岁时,他的家人突然得到噩耗:蒙迪患了白血球过多症,医生预测他最多只剩下两周的生命。

他的母亲回忆道:“当时我们都在蒙迪的病房里,诊断报告一出来,我们几乎昏过去。但我们必须很小心地不让蒙迪知道实情,我们请医生不要透露,我们还跟柜台人员打了招呼。事已至此,我们只想保持现状,让蒙迪平静地度过这最后的时光。”

当天晚上,蒙迪的父母决定不顾医院的规定,就在病房内为儿子做一些

他最爱吃的食物。“我们关上房门,为他准备他最心爱的食物。”他的母亲回忆道,“就在这时,我们听到敲门声,医生推门走进来了。我屏住呼吸想:‘老天,他会怎么说?’这种场面我从来没有经历过,当时真是尴尬极了!”

“真没想到,医生看了看,不仅没有发脾气,反而很开心地说:‘啊哈!我最喜欢吃这种意大利通心粉了!有我的份儿吗?’他坐下来享用我们端给他的食物,气氛非常融洽,我们完全没有‘他是医生,我是病人’的感觉。”

可不是每个医生都会这样做的。好打官腔的医生多着呢！他满可以说："干什么，干什么？你们难道不知道医院的规矩?"或是"你们怎么可以在病房里煮东西吃呢，啊？这不符合医院饮食的规定嘛！"

但是这位医生却能尊重病人及其家属的尊严，没有拉下脸来教训人。他十分随和地坐下来，丝毫不愿破坏病房里温馨的气氛。这体现了他本人的素质，同时也体现出人与人交往的法则。要建立相互信任的关系，不过分责备别人并尊重他人是至关重要的。

59　幸福，不可将就

恋爱、婚姻乃人生大事，千万不能采取随便马虎的态度。爱情的种子要结出家庭幸福之果，需要时间的栽培和浇灌。

年轻人感情充沛，爱的琴弦很容易拨动，正因如此，就更需要审慎地对待爱情。有的青年倾心于"一见钟情"，虽然在文艺作品中确有"一见钟情"而结成美满婚姻的，像《西厢记》中的张生和莺莺，《魂断蓝桥》中的克劳宁上尉和玛拉，但现实生活中由"一见钟情"结成百年伉俪的毕竟很少。许多家庭悲剧往往由"一见钟情"开始。大家熟知的俄罗斯著名诗人普希金，在一次舞会上与莫斯科第一美人娜塔丽亚邂逅相遇，两人一见钟情，甚至没有经过"闪电恋"，就决定了婚姻关系。婚后，娜塔丽亚醉心于社交寻欢，成天向普希金要这要那，并且不时地要普希金陪她出去做客。天才诗人的才华被一见钟情的婚姻渐渐窒息，最后他的肉体也毁于因娜塔丽亚而引起的野蛮决斗之下。

爱情越是经过岁月的磨炼，越是显出纯洁的本色，也就越能持久地沁

人心脾。你知道英国诗人勃朗宁和伊丽莎白的爱情故事吗？伊丽莎白·巴蕾特15岁时，从马上摔下跌坏了椎骨，卧床不起。她饱含激情的诗作，扣动了她表兄的朋友、年轻诗人勃朗宁的心扉。他给伊丽莎白写了一封热情洋溢的信，从此两人建立了亲密的友谊。1848年，伊丽莎白29岁，比她小6岁的勃朗宁慎重地向她提出结婚的要求，却遭到她的拒绝。

在伊丽莎白看来，这不过是勃朗宁一时的狂热，至多是出于对她的同情和怜悯！然而，伊丽莎白错怪了他。勃朗宁愿把自己真实的爱情献给志同道合的人，因此，尽管遭到了伊丽莎白的拒绝，他仍然用行动继续表白自己磊落的心迹。后来，伊丽莎白终于看清了勃朗宁的为人，到他第三次求爱时，她欣然打开了心灵的大门。这种经过时间考验的爱情，不仅给了伊丽莎白巨大的力量，使她通过锻炼，竟然奇迹般地摆脱了20多年须臾不离的病床，能够徒步下地行走，而且也如源源不绝的喷泉，赋予她的诗作新的生命。在以后同勃朗宁朝夕相处的15年中，伊丽莎白才思横溢，她那献给勃朗宁的《十四行诗集》，既是爱情的献礼，也是幸福的奏鸣，多少年来众口交誉，一直为人们争相传颂。

爱情的价值在于经得起时间的考验，因而它的先天的对立面就是"将就凑合"。俄国作曲家柴可夫斯基的爱情生活，远不如他的作品那么脍炙人口，相反倒使他痛苦了一生，根源就在这“将就凑合”四个字。当时，一个叫安东尼娜的姑娘，倾慕于柴可夫斯基的声誉，不断地给他写来热烈的求爱信，并且“义无反顾”地表示，如果作曲家拒绝她的爱，她将惨然死于他的脚下。心慈的柴可夫斯基怜悯了，于是，姑娘来到了作曲家的身边。可是，她感兴趣的是名誉、地位，而不是音乐。不久，无休止的纠缠竟使作曲家只能躲开她，才能进入音乐的天国。而安东尼娜不知廉耻的生活，更成为柴可夫斯基一生蒙羞的根源。

从这点来说，柴可夫斯基远不及简·爱。在影片《简·爱》中，当简·爱的表哥、牧师圣约翰向她求爱的时候，尽管牧师曾经救过她的命，而这时孤单的简·爱也确实需要傍依，但她还是断然拒绝了圣约翰的爱，因为她清醒地懂得爱情不能凑合，而恩惠应该并可以用别的形式给以报答。她说：“我答应作你的传教伴侣和你同去，但不能作为妻子，我不能嫁你。”这在当时确实使两人都很痛苦，但如果勉强凑合，两人的痛苦势必更大。

生活中可以凑合的事情很多，衣、食、住、行都可以；但爱情不行。当你选了几个朋友都不如意，再选唯恐引起舆论压力时；当你曾受过人家的恩惠想以身相许来报答，或同情对方的不幸遭遇想以爱情来慰藉对方时；当你抵挡不住对方的甜言蜜语和百般乞求，或有短处抓在对方手里唯恐丑事外扬时；特别是当你的亲朋父母出来保媒，而你确实不满意对方时；你要切记：“将就凑合”的选择，虽能使你摆脱眼前的痛苦，但同时又极可能把你牵进更大更长的痛苦之中。

我们并不是说恋爱场上无限制的选择是正确的。尽善尽美的人，过去没有，今后也不会出现，因此，任何选择都是相对的。志同道合是爱情的主要基础。有共同的追求，再加上性格、爱好、习惯等方面的契合、包容，就能唤来甜美的爱情。如果真以这两条为择偶的标准，而不苛求于对方的容貌、条件甚至身高、体重，那么，选择成功的几率还是很大的。

所谓爱情上的严肃态度，就是要理智地审度自己感情的性质：不是爱情不要冒充爱情；是爱情，就要对自己也对对方负责。当出现下列情况时，这种态度尤须慎重。

1. 当你被多人追求时

你就面临着这样的选择：在这么多人的追求中，你需要谨慎地但又不拖延地确定你的爱。很可能你拿不定主意，那等在你拿定主意之前，你应同所有的对方都无一例外地保持同志关系，既不能因为喜欢你的人多而飘飘然，也不能因为烦恼而随便选择一个算了。一旦“选中”以后，则应尽快向“落选者”表明你的鲜明态度。模棱两可是要不得的，这样既延误了别人另找对象的时间，也势必使你的恋爱生活复杂化，甚至带来不堪设想的后果。

2. 当被你追求的人已有人追求时

如果你知道对方已同她或他确定了爱情关系，那你理应急流勇退，不应成为不光彩的“第三者”。如果对方同她或他，也只是同你一样，并未确定爱情关系，那你自然可以向对方表示你的爱慕之情。但是，应该落落大方。对第三方采取嫉妒乃至诽谤的态度，显然是不道德的。一旦对方在选择中筛掉了你，你就应该愉快地同对方说声“再见”。迁怒于人或者蓄意报复，都会既害人又害己。

3. 当你同时对几个异性有好感时

你应该按照自己的择偶标准，度量哪一个更适合成为你的终身伴侣，从而有意识地把你的好感上升到受理智支配的爱慕之情。同时，也就需要严格地把你同其他人的关系限制在同志关系的范围内。“脚踏西皮瓜，滑到哪里算哪里”，或者用暧昧的态度，同时发展对几个异性的恋爱关系，无疑是不道德的。对自己，对别人，都没有好处，到头来只能造成彼此痛苦。

爱情使人心旷神怡,却又马虎不得。它不像商店里买商品,选错了,可以换一个,至多是重买一个。看错了恋人,选错了配偶,虽然可以用离婚来加以补救,但那时已给双方尤其是子女造成不可弥合的创伤。所以,在恋爱婚姻问题上,切忌草率从事。

60 幸福需要家人共同呵护

人们有一种倾向:喜欢用他们自己的反应来判断别人的反应。这个结论,对那些像那位曾同母亲不合的青年人一样的人说来,有时可能是正确的。但是许多父母同他们的孩子有矛盾,常是由于他们未能认识到孩子的性格和他们的性格不同。错误在于这些父母没有认识到时间既改变了孩子,也改变了他们自己,因而他们没有去调整自己的心态,以适应孩子和他们本身的变化。

一位律师和他的妻子有 5 个极好的孩子。但是他们并不愉快,因为他们最大的女儿——一个大学一年级的学生——不能按照他们所规定的方式生活。

“她是一个好女儿,但是我无法理解她。”父亲说,“她不喜欢从事家务劳动,却辛辛苦苦地花几个小时去弹钢琴。夏天我给她在百货公司找到一个工作,但她不想去做。她只想整天弹钢琴!”

我们建议他们都做个活动向量分析。这种分析的结果是很能启发人的。我们发现这位姑娘有雄心、有能力和自己的特点,这些都大大超过了她的父母,致使他们很难理解她对他们的反应。

这对夫妇认为学会弹钢琴是件好事，但一个女孩子做家务劳动和在商店里劳动也是很有必要的，想成为钢琴家的热情只是浪费时间。“总有一天她要结婚的，那时她就要理家。她应当更实际些。”父母亲作出这样的推论。

我们把姑娘的才能和爱好向她的父母作了解释，并说明了他们为什么不能理解女儿的原因。我们也向姑娘说明了为什么她父母用一种方式思考，而她自己用另一种方式思考。当他们三人致力于相互了解并用积极的心态去解决这个问题时，他们便得以和睦地相处在一起了。

要幸福，就要了解别人。要认识到别人不可能和你完全相同。他不可能像你一样思考，他所喜欢的东西不可能就是你所喜欢的东西。当你认识到这一点时,你更易于发展积极的心态,更易于做一些事情,使得别人能作出称心的反应。

磁铁相反的两极互相吸引,而具有相反性格特点的人们也是这样。一个有进取心、乐观、有雄心、有信心,并且具有巨大的内驱力、能力和毅力的人,与一个易满足、胆怯、害羞、机智和谦逊,还可能包括缺乏自信心的人在一起时,往往会互相吸引,互相补充、加强和完善。他们联合以后,便可融合他们的性格,这样,每个人的缺点也就互相抵消了。

如果你同一个性格恰好和你相同的人结了婚,你会感到幸福和受到鼓舞吗?你如果作出真实的回答,那也许是:“不。”

应该教育孩子们去了解和尊重他们的父母亲。家庭中的许多不幸,正是由于孩子们不了解、不尊重他们的父母亲所造成的。但这是谁的过失呢?是孩子的?还是父母的?或者是双方的?

不久以前,我们同一个大企业的总经理进行了一次会谈。这位大企业家由于工作卓越,大名曾出现在美国各大报显要的版面上;然而,在我们见到他的那一天,他最不愉快。

“没有人喜欢我!甚至我的孩子们也恨我!这是为什么呢?”他问道。

实际上,这个人是一个心地善良的人。他给了孩子们金钱所能买到的一切东西,为他们创造了安逸的生活。但是,他阻止孩子们取得某些必需品,这些东西曾经迫使他在孩提时代取得力量,从而发展为一个成功的人。他力图使孩子们远离生活中那些对他来说不美的东西。他灭绝了孩子们奋斗的必要性,使他们不再像他过去那样必须进行奋斗。当他的儿女还是孩子的时候,他从未要求或盼望他们尊重他,而他也从未得到过尊重。然而他确信,孩子们了解他,并不需要努力去探索。

事情本来会与此迥然不同的,如果他真的教育了孩子们要尊重人,并且至少部分地依靠艰苦奋斗,依靠自己的力量安排自己的生活。他给了孩子们幸福,却没有教育他们使别人幸福,从而使自己更幸福。如果在他们成长的时候,他就信任他们,并且告诉他们,为了他们的利益,自己曾历尽坎坷,也许他们早就更加了解他了。

但是,这位总经理,以及和他处在同样境况中的任何人,没有必要仍然处在不愉快中。他应该把他法宝的积极的心态那一面翻上来,力使自己为他亲爱的人所熟悉和了解。

如果他能表明他热爱孩子的方式是同他们分享他自己的优点,而不是仅仅给他们提供那些物质的东西;如果他能同他们自由地分享他的优点,正像分享他的金钱一样,他就会体验到孩子们由于爱和了解所回报的丰富报酬。

61　孩子是天使，教会我们互相爱

这几十年以来,我们的经济社会发生了一项重人的改变,那就是出现了前所未有的众多职业妇女,并且她们留在职场中的时间也持续延长。女性结婚或生小孩就退出职场的时代一去不复返了。根据研究结果显示,目前约有 70% 的怀孕妇女,会在产后 6 个月内回到工作岗位上。他们的小孩出生不久便被送到了托儿所。父母亲忙于工作而忽略了孩子们的感受,孩子们在成长过程中感受不到大人的爱,于是有许多孩子后来都堕落了,他们从酒精毒品中找寻精神的寄托。

其实,不应该责怪孩子们的堕落,要怪就只能怪大人们在孩子们的成长过程中没有起到该起的作用,尽到应尽的职责。

一生的忠告

许多心理学家说,长大成人后情绪上的安定——或不安定几乎在3岁以前就形成。在这期间,能否感到爱,是否平静、满足,或神经质地感到不安,这些都有很大的影响。

所以如果你有了小孩,不可忽视孩子幼年时期的教育,给孩子们看得见,摸得着的爱。

1. 你要更爱你的妻子

亲密生活在一起的一家人,他们的感情是很真实的,如果让虚假渗透进来,就会破坏深厚的爱。因此,你要更爱孩子们的母亲,而且要公开地让孩子们看到这种爱情。你要很真实地让他们看到那些细微的关心:在饭桌边为她摆好椅子,逢年过节向她赠送礼物,出门时给她写信……

如果一个孩子了解他的父母是相亲相爱的话,就无需更多地向他解释什么是友爱和美善。爸爸妈妈的真实情感流入孩子的心田,从而培养他能够在将来的各种关系中发现真挚的感情。当妈妈和爸爸手拉着手散步时,孩子也会和他们拉着手;但如他们各行其道,孩子便很自然地跑到了一边。

多情了吗？呵！更多一些才好呢！现在人们往往是结婚前太多情,而婚后却太少了。

2. 你要让孩子们感到他是家庭的一员

如果一个孩子不感到他是家庭的一员,他很快就会到别处去寻找归宿。

很多家庭虽然住在一起却遥隔天际。孩子们只是在吃晚餐时才能看到父亲,有的孩子几天才能见到父亲一次。还有些孩子,一周内和父亲待在一起的时间只有几分钟。

你要用更多的时间和他们谈论一天的新闻,而不是来去匆匆;你要花费些时间来组织那种大家都能参加的游戏和活动;你要让孩子们参与家庭的义务和工作。

当一个孩子感到自己是家庭的一员时,他就能勇敢地对付各种困难和意外的事情。

3. 你要当一个好听众

很多人认为小孩子讲的话都是无稽之谈。然而事实是如果现在你能听取孩子所关心的事,将来当他到十几岁后也能分担父母所操心的事。这两点是密切相关的。

如果你的孩子来打扰你读报的话,你一定要耐心些。有个故事说,一个小男孩三番五次地要他爸爸看看他手指上的伤口。最后,他爸爸放下手里的书,不耐烦地说:“哎呀,你弄得我什么都干不成!”小男孩说:“哦,爸爸!其实你只要答应一声就行了。”

如果一个爸爸不搭理在一旁叫唤他的儿子，并且说："这只不过是个小家伙在嚷嚷罢了。"我想用不了多久，当这个爸爸叫唤儿子时，儿子也会说："这只不过是个老家伙在嚷嚷罢了。"

4. 你要更多地鼓励孩子们

当孩子办好一件事就给予真挚的表扬，比其他任何方式都更能激励他热爱生活和获取成就。求全责备会损害孩子的自尊心，而鼓励能树立孩子的自信心，并能使他们变得成熟起来。人类本性的深处是对理解的渴求，一旦能被亲人们所理解，也就得到了爱。

所以，你一定要每天表扬你的孩子。不仅要看到他的现在，还要看到他的将来。

5. 你必须给孩子们以足够的尊重

某个周日下午，你正和邻人在起居间共享午茶。糟糕！她的茶杯翻倒了，茶水溅在你价值不菲的地毯上。

你会说："别担心！这地毯不容易弄脏的，只要一会儿便可以把它处理掉。请千万别放在心上。"

同一天下午，你的小孩不小心把一杯牛奶打翻在同一张地毯中。

你大吼大叫："你这笨手笨脚的白痴！这块永远洗不掉了啦！你是要把这房子里每一样东西毁掉才甘心是吗？你能不能做点好事？"

这就是你的待"客"之道？孩子们其实是在我们家中短暂停留的客人——他们很快便会搬出去自立门户。他们是不是应该多少得到一些我们对待邻居的尊重和友谊？

6. 给孩子以慈爱

如果世界上还承认慈爱的话，做父母的应是最好的传播者。你要在自然的环境和自发的事件中来培养孩子和你共筹命运，而不是讨论那些枯燥的教育条文和强化那些僵死的家规。你要经常注意那些孩子们想到的和关心的事情,采用这种自然的方式来学习真理。有一次,有人问一个校长:“你们的课程里教授信仰吗?”他回答说:“我们每天都在教授信仰。在数学中信仰准确,语文中信仰如实表达,地理中信仰记忆,气象学中信仰观察。我们在操场上进行健康的游戏,我们教授爱护动物,互相敬重,老老实实。”

校长的话不正说明了要用自然的方式来教孩子们学习吗?

有一次雷电使一个孩子感到害怕,他在黑暗中叫喊:“爸爸,快来,我害怕。”爸爸说:“哦,孩子,上帝爱你,他会保护你。”孩子回答说:“我知道上帝爱我,可现在我要一个摸得着的上帝。”

孩子们需要父母的爱,更要父母那种看得见摸得着的爱。如果你希望你的孩子们长大以后向着好的方向发展,并在你年老的时候给你以足够的尊重和关爱的话,就先珍惜你做父母的权利吧!

62　入睡前,请对自己说晚安

当你停止一天的工作的时候,就不要再去想着工作的事了。当你锁上你的办公室或工厂大门的时候,就要把自己的事业也一并锁起来。不要把工作中的烦恼、疲惫的感觉一起带回家,否则,那将破坏你夜晚的好梦。

有些人躺下的时候,就好像沙漠中的骆驼驮着驼峰一样在肩上驮着沉重的“包袱”。他们好像不知道怎样卸下身上的“包袱”,晚上的大部分时间他们都在想着一些烦人的事。如果你在晚上经常紧张的话,那么给你一个建议:在你的卧室里挂一张弓,这样每天你都要给弓松弦以保持弦的弹性,从而可以同时提醒自己放松自己的神经。印第安人就很懂得保护他们的弓,只要不用弓的时候他们就会把弓的弦放松以保持它的弹性。

如果一个人在一天辛苦的工作后,晚上回到家中还整夜不停地想着工作的事,那么他就不可能休息得很好,早上起床的时候还是会很疲倦。这样他就不可能保持清醒的头脑,精力充沛地进行工作,他的工作能力就会下降。就好比一匹第二天就要参加比赛的马,却在头一天晚上一直不停地奔跑一样,第二天肯定拿不了冠军。在这种情况下做事,即使你有着拿破仑一样的能力,你也不可能获得成功。

我们只有在晚上停止大脑的胡思乱想,才能防止我们消耗生命、浪费我们宝贵的生命活力。很多人都有这种不好的习惯——晚上胡思乱想,而且他们总是在就寝后还为了一些琐屑的麻烦事而烦恼,这种不良的习惯很难被改掉。

保持身体健康的一个前提条件就是不要在晚上谈论对人有刺激的工作上的麻烦事,更不要在就寝前谈论,因为这种刺激即使在人睡着了以后也会在人的头脑中保留很长时间,从而影响人的神经系统。

如果一个人在晚上还担心这担心那的话,那么他在晚上衰老的速度要比白天快。白天,忙碌的工作会使人无暇去考虑生活中的不幸和工作中的麻烦。但是一旦人们回到家中躺在床上,所有的烦人的事就会令人恐怖地占据他们的头脑。

精神上的不和谐将会损害人的活力,减少人的勇气,降低人的寿命。生命是如此的短暂、如此的宝贵,因此我们不能把生命浪费在这些腐蚀思想、损害健康的事情上。晚上人们的想象能力尤其活跃,而且在寂静的晚上想象力会夸大所有的事,所以一切不高兴的事在晚上的影响程度都要比在白天大得多。我们都有过做梦的经历,梦中出现的大多是我们生活中曾唱过的歌曲或者经历过的印象深刻的情景。从中我们可以看出事物给人留下的印象对人的影响是多么的大。我们也不得不承认,保持好的

心情入睡是多么的重要。我们应当在入睡前把心态平静下来，保持安静平和，如果可能的话最好带着微笑入睡。千万不要皱着眉头、带着愤怒的表情入睡。抚平皱纹，把所有不开心的事扔到一边，不要带着任何对别人的批评、嫉妒和不满入睡。

当你心情不好或被人恶意挑衅时，你就会对别人产生敌意，而这对你的健康非常不利。但只要这种刺激一消失，这种感觉也就会随之消失。神经系统所承受的痛苦将对你的健康产生非常大的不良影响。因此，在每天的 24 个小时内，你至少有一段时间要对整个世界保持平和的态度，你更不能在睡觉的时候把不开心的事情深深印刻在头脑之中。

当我们心情烦躁而又不得不面对许许多多辛苦的工作时，我们的火气就会很大，时常会很不友好地对待别人。但是，一旦你远离了那些惹你生气和跟你有敌对情绪的人，自己一个人的时候，你就应该抛开那些不开心的想法和不高兴的感受。

养成一种在睡觉前清空头脑中的思想、忘记一天的烦恼的习惯，对人来说是很重要的。如果在白天时你很冲动、不理智地对待别人，对别人的态度很不友好，那么晚上睡觉前的这段时间就是你清除这些思想的最好时机。慢慢形成这种习惯，你会发现这对你的身体健康非常有好处。

如果你想在清晨起床的时候有一种脱胎换骨的感觉的话，那么你至少要在就寝前保持一种积极乐观的情绪，忘掉所有的烦恼。如果你在睡觉的时候头脑中充满了忧虑和压力，情绪很坏，那么你在第二天早晨起床的时候就会觉得很疲惫，大脑缺乏活力，思维的活跃性会大大降低。这是由于你的血液中充满了不和谐的情绪，从而不可能对大脑进行清洗。

如果在睡觉前你还对某些人某些事耿耿于怀，那么希望你能用一些乐观、善良、慷慨大方的想法来代替，把不好的想法彻底清除掉。如果你养成了这种每天在睡觉前清空自己头脑的习惯的话，那么你在熟睡的时候就不会被讨厌的梦境所打扰，这样你在第二天清晨的感觉就会非常之好。

在睡觉前把思想的房子整理干净，把给你带来痛苦的事、令你不高兴的事、你所不期望的事和所有生气的、怨恨的、嫉妒的、自私的、邪恶的想法统统扔到一边，别再让它们的负面影响侵蚀你的思想。当你清空了这些头脑中的垃圾之后，应当用高兴的、甜美的、有帮助的、有鼓励作用的以及积极向上的思想重新填充进去。

相信每个家庭都会认为晚上开心的沐浴一次是很重要的，但是精神上的洗礼要比每天的沐浴重要得多。

我们应当尽可能地带着令我们最高兴最喜悦的思想入睡。我们应当带着崇高的理想、友爱互助的思想、积极向上的想法以及所有能够使得我们在第二天恢复精力的想法入睡，这样在第二天的工作中才能充分发挥出我们自身的能力。

如果你认为消除这些不开心的想法有困难，那么你就应该强迫自己去读一些能够使你展开眉头开心大笑的有激励作用的书，一些能够真正解释生命的魅力与伟大的书，一些使你懂得丁点儿的吝啬、狭隘的想法都是羞耻的书。

如果你把这些付诸一段时间的实践后，那么你就会惊奇地发现在睡觉前你会很彻底地改变你的思想观念和对事物的态度，你将面对正确的生活道路。

无论你多么累或是睡得有多晚，在睡觉前一定要把头脑中不好的印记，包括不开心的经历、邪恶的想法、对别人的嫉妒与偏见和自私自利等都清除掉。例如，你可以想象你卧室中的灯都是汉字形状的如“和谐”“快乐”“美好的祝愿”等。

一些人已经学会了要在入睡前与整个世界保持和谐的技巧，他们懂得在入睡前不能在头脑中保留一点儿对他人的偏见、怨恨、嫉妒等，因此他们就能比那些有回顾自己不好经历、总是想着麻烦事的习惯的人们要能从睡眠中得到更多的东西，更能保持年轻，有更高的工作效率。

63 闲适自得，享受生活的美好

工作是为了生活，但工作不是生活的全部，生活的状态应该是轻松愉快的，既包括精力充沛地工作，也包括自由自在地放松。后者往往是前者的基础，只有适时地放松自己，才能保持充沛的精力，才能更好地工作和生活。

适当的休闲是你实现这一愿望的最佳方式。离开囚笼一样的办公室，投身到新鲜的环境中去，接触到不同的人，观赏到新鲜的物，经历各种各样的事，使你在工作时紧绷的神经得到彻底放松，疲倦的身体得到良好恢复，那些困扰你的不愉快的情绪会随着那轻柔的风、潺潺流水、开心的大笑而远去。当你再出现在办公室里时，就会显得轻松愉快，精力充沛，即使多么复杂棘手的工作摆在你面前，你也能够从容面对，游刃有余地去处理。

当然，无论你参加什么休闲活动，都不要在休闲时间思考工作上的事，这样做的后果可能会破坏你快要轻松起来的心情，使你的休闲变成体力上的损耗，一点益处也没有。另外，一定要选择适合自己的休闲活动，进行适当的休闲，不要把自己搞得疲惫不堪，好事变坏事。

1. 在休闲中开发自己的潜力

专家认为，休闲并不是要我们一窝蜂地去和别人凑热闹，或者在圣诞夜花三倍的钱去吃一顿圣诞大餐，而是应该回过头来，从自己的喜好和需要出发。

利用休闲时间，去做一些喜欢和需要的事，从而开发自己的潜力，提高自己的素质，也是一种非常好的休闲方式。比如说重新回到学校进修；搞一些小发明，等等。

前任哈佛大学校长约翰·柯曼博士就是一个非常懂得利用休闲时间开发潜力的人。有一次，他利用假期到费城当收集垃圾的清洁工；后来，他又在另一次假期中，加入到纽约街头流浪汉的行列；他退休前的最后一次假期，是到旅馆当餐厅厨师的助手，后来，他索性买下一个餐馆来经营。

2. 积极性的休闲活动要多参加

休闲的方式可谓五花八门、多种多样，比如看电视，许多心理专家对这种休闲方式并不表示赞同，认为看电视是取代社交生活，而不是进入社交生活，是最耗时的消遣，是一种有害的瘾头。据估计，现代人花在看电

视上的时间，比其从事其他积极性的休闲活动，至少要高出十倍以上。

除了看电视以外，有不少人利用花钱购物、吃零食、到处闲逛等方法打发时间，而这些都是消极性的休闲。专家研究发现，有 90% 的人都是选择被动消极的事物来作为休闲活动。

哪些是积极的休闲活动呢？专家认为，积极的休闲活动应该让人在其中获得满足和成就感，比如阅读、运动、跳舞、弹奏乐器、进修等。研究表明，一个人多参加积极的休闲活动，会提高自身素质、健全自我心理、增强自我活力，更会让人感到轻松和快乐，从容面对工作，成为工作的主人。

充沛的精力来自于良好的休息和放松，没有什么比健康的身体更为重要，不管你有多少重要的事情需要处理，一旦身体垮了，一切都会失去意义。只有积极主动地放松自己的身心，才能开创更加美好幸福的生活。

64 健康为首，统领人生一切

你有优秀的才能，优秀的事业，优秀的家庭和优秀的人际关系，这一切都是靠你健康的身体在为你支撑,为你做最坚实的后盾。每日的疲惫与紧张换来了你在社会上的成功,却累垮了为你做后盾的身体,而你却忽视它、漠视它,不科学地生活,将千斤重担压在自己的身上。这种情况下,身体回报你的只能是不健康。

有人说最优秀的人从不休息,这就把人的全部注意力引向工作,只看到了那些浮华的成绩。而正相反,最优秀的人应该是最知道怎样休息的人。他们非常爱惜自己的身体,能够照顾好自己。最优秀的人最看重的是健康而不是竞争。

有资料说,在五十岁出头去世的男人,要远远地高于同年龄的女人。

事实上,肥胖已经成为身体健康的一大隐忧,并且严重地影响到人们的健康。

赫尔伯特·柏拉克医师是纽约市西奈山医院新陈代谢疾病的医师。在《现代妇女》上刊载的一篇名为《为什么丈夫们死得这么早?》的文章里,柏拉克医师告诉我们:"你想要保持丈夫健康的努力,确实能延长他的生命……现在,你的手里已经掌握了一种能力,可以延长你丈夫的生命。"

许多生活在半饥饿状态的苦力劳工,都会活得更久——如果你的体重超重的话。在俄亥俄州克里夫兰最近的一次医学会上,《减肥与保持身材》的作者诺曼·乔利菲博士把肥胖称为"美国公共卫生最大的一个问题"。

美国科学促进协会在圣路易召开的一次会议上,一位克莱顿大学医师说:"虽然有了战争,但是死于餐桌上的刀叉的白人,比死于枪剑下的白人还要多。"所以,吃什么东西对身体是有益的,这一点非常关键,减少在外应酬,多在家享受妻子准备的健康食物无疑是健康的生活习惯。

大多数男人在年岁增加以后,身体活动都会减少,所以他们所需要的食物就更少了,但事实是他们吃得更多,吃得多,运动量减少,身体里积累了过多的毒素,对身体健康当然是不好的。

热量低而能产生高能量的食物,就是最好的答案。如果你不知道这种说法,就去请教你的医师。他也会很乐意地告诉你,要如何安排你的饮食,使自己的体重下降,而且精神提高。

注意你在家吃饭的情况,不要慌忙和紧张。不要闹钟一响就爬起来,一边下楼一边吃早餐,公事包一夹就冲出门去。很可叹的是,太多的家庭都有这些相同的早晨冲刺。

有些人早餐狼吞虎咽,冲出门赶七点五十八分的专车,然后开始工作,中午在杂货店十五分钟的快餐,或是一边开业务会议一边吃午餐。这种情形,对于生活在现代世界的人,真是太普遍了。

如果需要的话,你应该早一点起床,至少也要使你能吃一顿不慌不忙的营养早餐。

如果你也是一位职场人士,并渴望通过自己的努力达到通往财富的道路,那么,你一定要注意自己的生活方式。如果你希望自己更长寿、更健康,更好地享受财富,请你遵守以下这些原则:

1. 注意自己的体重

参考体重和寿命的对照表,量一量你的体重,看看有没有超重 10% 。如果超重了,请专业的营养师开一张菜单。千万不可以自行减肥,或是服用大量被广告极大地夸耀的减肥药。在使用任何减肥方法以前,一定要咨询医生。

2. 坚持一年一次的健康检查

预防仍然是治病的最好方法。许多死于心脏病、癌症、肺结核和糖尿病的人,如果他们的病症能够在早期被发现,就可以预防了。只有定期维护的机器,才能保持良好的运行状态,少出故障,提高产品的质量和产量。身体也一样。一年检查一次,不过耗费你半天的时间,而很多人正是通过检查查出了自己身体的不健康萌芽,使疾病得到了很好的治疗,提高了生命的质量。

3. 不要使自己操劳过度

人人都想追求财富,但野心过人可能会使他成功,也容易使他无法活得很久、享受人生。所以,如果晋升必须加上很大的压力、紧张和过度操劳,你就应该下定决心放弃。

4. 要注意获得充分的休息

抵抗疲乏的秘密,就是要在疲倦以前就休息。短暂的放松心情,会有惊人的效果。如果你每天回家吃午餐,在回去工作以前,躺下来休息 10 分钟或 15 分钟。在晚餐以前小睡片刻,这可以使你的生命多活几年。

美国军队每行军一小时，就要强迫士兵们休息 10 分钟。小说家索莫西·毛姆到了 70 多岁，仍然精力充沛地工作。他说他的活力是来自每天午餐后的 15 分钟小睡。温斯顿·丘吉尔吃过午饭后要在床上休息一两个钟头。朱利安·戴特蒙到了 80 多岁，还在纽约塔利顿一家全世界最好的苗圃里做着他喜爱的工作。戴特蒙先生每天下午都要睡长时间的午觉。午睡会使人整个下午都精力饱满

5. 使你的家庭生活快乐

一个唠叨的、喜爱抱怨的妻子，对于男人的成功是一种障碍，因为她使自己的丈夫太伤心了，以致没有办法专心于自己的工作。一个不快乐的、忧伤的或是容易发怒的男人，是很容易"突然间躺下去"的——他的内心这么紧张，他的反射作用就不能适当地产生。他很可能会被一辆车子撞倒，在公路上把自己和旁人撞得粉碎，或是在工厂里被机器轧伤，如果他做的是机械工作。他也很可能暴饮暴食。康乃尔大学的哈利·古德博士说："人们在不快乐的时候，或是为了从压抑或紧张之中得到解脱，他们通常会大吃一顿。"

每个人在人生里成功的主要意义，就是要有足够的健康去享受人生。